中小型水库震损险情综合评价指标体系研究

王丽学 李守权 孙菲菲 著

黄河水利出版社
·郑州·

图书在版编目(CIP)数据

中小型水库震损险情综合评价指标体系研究/王丽学，李守权，孙菲菲著. —郑州：黄河水利出版社，2014. 1

ISBN 978－7－5509－0703－4

Ⅰ.①中…　Ⅱ.①王…　②李…　③孙…　Ⅲ.①水库地震－地震灾害－危险评估－综合评价－评价指标－研究　Ⅳ.①TV697.2

中国版本图书馆 CIP 数据核字(2014)第 007004 号

策划编辑：李洪良　电话：0371－66026352　E-mail：hongliang0013@163.com

出 版 社：黄河水利出版社

地址：河南省郑州市顺河路黄委会综合楼 14 层　邮政编码：450003

发行单位：黄河水利出版社

发行部电话：0371－66026940、66020550、66028024、66022620(传真)

E-mail：hhslcbs@126.com

承印单位：黄河水利委员会印刷厂

开本：850 mm×1 168 mm　1/32

印张：4

字数：101 千字　　印数：1—1 000

版次：2014 年 1 月第 1 版　　印次：2014 年 1 月第 1 次印刷

定价：18.00 元

前　言

近几年地震频繁发生，对我国水库造成了非常严重的损坏，特别是中小型水库。由于它们大多修建于20世纪50～70年代，年久失修，多数已属于病险水库，在遭受地震后存在不同程度的损坏。在对震后水库进行除险加固时，水库损坏程度严重性、数量多、技术人员与施工器械有限是水利工程面临的主要压力，因此在地震发生后及时对水库进行直观的、全面的综合评价，判断水库险情等级以及各部位损坏程度至关重要。应有效地利用有限的技术人员以及施工器械资源，合理地安排抢险水库的顺序，让地震带来的次生灾害达到最小。

本书以2008年四川省发生的8.0级汶川地震作为研究背景，对辽宁省水利厅援助四川省绵阳市安县的27座水库以及德阳市、广元市、绵竹市的38座中小型水库的震损情况进行归纳总结，以科学全面体现水库各部位震损程度为原则，建立一套中小型震损水库险情综合评价指标体系。

本书主要研究内容包括以下几个方面：

（1）在收集现有病险水库安全评价资料、探讨水库安全评价国内外相关研究的基础上，总结震损水库特点以及评价指标体系的构建方法，并比较各种评价方法的适用性，为中小型震损水库险情综合评价指标体系的最终建立奠定理论基础。

（2）在收集四川省65座中小型水库震损情况相关资料的基础上，遵循全面性、科学性原则，采用以频度统计法为主、综合法和分析法为辅的方法，构建评价指标全集。

（3）以水库建筑物组成的类型为研究基础，系统地分析能够反映水库震损险情程度的指标，并采用定量（相关性分析法、主成分分析法）与定性（专家咨询法、理论分析法）相结合的方法对指标全集进行筛选优化。在筛选和优化的过程中，以定量筛选为基础，以定性筛选为补充。定量分析指标相关性以及对主成分的贡献度，定性确定指标体系的最终形态。最终确立了一套4个层次的指标体系，其中6个准则层指标、15个一级指标、10个二级指标。

（4）以65座中小型震损水库的震损情况及其震损级别为研究背景，建立各指标的评价标准，为第4章对四川省绵阳市白水湖水库（中型）、黄水沟水库（小型）进行综合评价奠定理论基础。

（5）采用层次模糊综合评价法对四川省绵阳市白水湖水库、黄水沟水库震损险情进行综合评价，结果显示，白水湖水库震损险情综合评价值最大隶属度属于高危险情，黄水沟水库震损险情综合评价值最大隶属度属于次高危险情，与当时评价震损险级一致。然后引入线性加权综合法对水库各指标震损程度进行评价，并对评价结果进行分析。

作　者

2013年10月

目 录

第 1 章　绪　论

1.1　研究的背景和意义

1.1.1　研究背景

2011 年 12 月 31 日，我国进行了第一次水利普查，第一次查清了全国水库数量。全国共有水库 98 002 座，中小型水库数量占总数的 99% 以上，中小型水库在我国城乡水利设施中发挥了极大的作用。总之，这些水库在防洪、灌溉、发电、供水、航运和渔业等方面发挥了极其重要的作用，为国民经济发展和保障人民群众的生命财产安全做出了重大贡献。

据调查，我国已建水库大多数修建于 20 世纪 50 ~ 70 年代。其中，病险水库 3.7 万多座，占水库总数的 42% 。很多水库经过几十年的长期运行都存在不同程度的病险，而且近几年地震频繁发生，造成数万座水库坝体、溢洪道、放水隧洞以及两岸边坡发生不同程度的损坏。据统计，全世界平均每年发生的大小地震约 500 万次。其中，3 级以上的有感地震约 10 万次，5 级以上的破坏地震约 1 000 次，7 级以上的大地震约 18 次。我国是世界上地震灾害最严重的国家之一，历史上有记载的地震达 4 000 余次。每次地震都给水利工程带来不同程度的损坏。2008 ~ 2012 年我国发生 5 级以上地震 192 次，造成数万座水库坝体、溢洪道、放水隧洞以及两岸边坡发生不同程度的损坏。众所周知，地震对水利工程造成的损坏制约着水库效益的充分发挥，直接影响到水库下游城镇的安全及经济发展。而在地震发生之后，遭遇地震损坏的水库数量较多时，监测设施失效、技术人员有限、震损水库除险加固施工工期紧、除险加固资金不足等诸多问题长期困扰着水利工作者。

2008 年 5 月 12 日，汶川发生 8.0 级地震，造成四川省 17 个市、96 个县（市、区），共 1 996 座水库发生不同程度的损坏。辽宁省为第一批组建队伍援建四川的省份，该省水利厅选派精干人员，抽调和购买 22 套设备支援、帮助四川省对水库、水电站、河道堤防等震损严重的水利工程进行除险加固等工作。本书以辽宁省援助绵阳市安县的 27 座中小型水库为主要研究对象，以绵阳市其他县以及德阳市、广元市、绵竹市等在这次地震中受损的 38 座中小型水库为辅助研究典例，对其震损特点进行总结，分析研究能够体现中小型水库震损险情的指标。

1.1.2 水库震损险情的内涵

水利部根据工程安全程度将水库大坝分为一类坝、二类坝和三类坝，一类坝指大坝实际抗御洪水的标准达到《防洪标准》（GB 50201—94）规定，工程无重大质量缺陷，各建筑物结构安全系数满足规范要求，能按设计标准正常运行和发挥效益的大坝。二类坝指实际抗御洪水标准达不到《防洪标准》（GB 50201—94）规定，但不低于部颁水利枢纽工程除险加固近期非常运用洪水标准，在一定控制运用条件下能安全运行的大坝。三类坝指实际抗御洪水标准低于部颁水利枢纽工程除险加固近期非常运用洪水标准（水规〔1989〕21 号），或者工程存在严重质量缺陷与结构安全隐患，不能按设计正常运行的大坝，也称为病险水库大坝，即病险水库。由此可知，因自身老化、缺乏管理以及洪水、地震造成损坏的水库都属于病险水库。本书将由地震造成损坏的病险水库称为震损水库，且震损水库较其他原因造成的病险水库又具有自己的特点：①震损水库是由较大地震引起水库大坝及主体工程发生险情的。②震损水库与其他原因造成的病险水库的出险形式基本相似，但是险情程度较严重，地震造成坝体裂缝纵横交错，缝宽达60～80 cm，深达5～6 m；大坝坝顶和边坡塌陷；放水设施损坏，不少涵管震裂漏水，渗水量突增，等等。③震损水库应急除险在时间上要求十分紧迫。因为地震一旦发生，余震不断，如不能及时对受震损的水库进行合理的应急修复，险情将继续加剧，造成非常严重的经济损失及生命损失。

水库震损险情指地震造成水库发生坝体裂缝、滑坡、沉陷，边坡坍塌崩裂，溢洪道、隧洞等结构破坏，影响水库正常运用，不能发挥水库效益的险情程度。

1.1.3 研究的目的及意义

目前，我国对水库进行安全评价主要根据水利部于2000年发布的《水库大坝安全评价导则》（SL 258—2000），要求从工程质量、大坝运行管理、防洪安全、结构安全、渗流安全、抗震安全、金属结构安全等7个方面对大坝进行综合评价，从而确定大坝的安全等级。但还未针对震损水库险情评价而建立评价指标体系；地震发生后，大量水库损坏、技术人员与抢险器械有限、除险加固时间紧任务重等问题存在。因此，科学合理地建立一套适合震损水库的综合评价指标体系，对指导震损水库应急除险加固具有重要意义。

本书对中小型水库震害险情及特点进行分析总结，提出一套能够科学全面反映水库震损情况的综合评价指标集，通过实例研究及验算，建立一套合理的中小型水库震损险情综合评价指标体系，为日后中小型水库震损险情综合评价、除险加固及治理方案提供理论依据。

1.2 中小型震损水库国内外研究现状

水库稳定性综合评价既包括定量因素，又包括定性因素。因此，对病险水库进行安全评价，掌握大坝的主要缺陷和隐患，确定需要除险的关键项目，及时通过除险加固工程消除隐患，确保人民生命财产安全，一直是水利工作者研究的课题。中小型震损水库的安全不仅受到多种因素的制约和影响，而且受到时间的限制。因此，对中小型震损水库进行综合评价是一种多层次、多指标的评价工作。

1.2.1 中小型震损水库综合评价国外研究现状

对于中小型震损水库来说，国际上对其险级进行综合评价的研究文献并不多，主要针对病险水库综合评价进行研究，国内外一些学者将大坝病害与大坝老化变形联系在一起进行研究，但相关成果也并不多。1955 年，葡萄牙的罗卡和意大利的法那林应用统计回归方法来定量分析大坝的变形观测资料；法国在水库资料分析方面有一定的先进性，他们采用了 MDV 方法监测大坝，在测值序列中去掉水压和温度分量后的剩余部分（时效和残差），并分析其规律，判断大坝的运行情况；1977 年，法那林又提出了将理论计算值与实测资料有机结合，对大坝稳定性进行监控。在常规分析大坝安全运行资料的基础上，法国、苏联、意大利、日本等国家也开展了大坝的变形监测和安全评价研究，大多数侧重于研究某种坝体材料的物理力学性能。

1.2.2 中小型震损水库综合评价国内研究现状

我国的大坝安全评价技术研究主要起始于1987年，之前，我国只对少数几座大坝做过安全评价，而且一般只着重针对某一单项进行评价分析。1987年，我国开展了大规模的水库大坝安全综合评价工作，至1998年底，对96座水库进行了首轮安全评价，至2001年底，完成了48座水库第二轮安全评价。据水利部和国家电力公司（原电力工业部）对所属水库的安全鉴定和定期检查，大坝存在的主要病害有坝基及库岸地质条件差、设计失误、施工质量不符合要求、设计洪水标准偏低和运行管理缺乏等问题，尤其是20世纪60～70年代修建的大坝，由于当时技术条件落后，病害尤为严重，其中高混凝土坝主要存在裂缝、冻融、溶蚀、温度疲劳和日照碳化等病害。通过对大坝进行安全评价，掌握了坝体存在的主要缺陷和隐患，对关键问题进行了针对性的除险。我国水库安全评价工作通过在实践中不断总结和探索，评价技术有了进一步的提高，安全评价系统得到了不断充实和完善。1995年水利部出台了《水库大坝安全鉴定办法》(水建管〔2003〕271号)(2003年进行了修订)，2000年水利部又发布了《水库大坝安全评价导则》(SL 258—2000)(简称《导则》)。我国对水库的安全程度进行评价主要依据《导则》。根据《导则》规定的方法，从水库运行现状追溯到勘测、设计、施工和运行全过程，《导则》中提出对水库进行安全评价的评价指标体系，该体系包括工程质量、大坝运行管理、防洪安全、结构安全、渗流安全、抗震安全、金属结构安全评价等7个方面，通过对水库7个方面的评价确定水库安全等级。该评价指标体系已应用多年，在我国水库安全管理和除险加固中起到的作用已得到证明。

针对中小型震损水库的研究主要集中在震害特点分析、震损机制分析及应急处置和除险加固方法的研究等方面，国内针对震损水库险情综合评价的研究相对较少。

倪小荣（2010）针对震损水库的特点，建立了以坝体裂缝、滑坡、渗漏、坝体变形、结构损坏以及检测设施、水电站等其他破坏为指标的综合评价指标体系，将震损水库险情划分为4级，并对各指标进行分级及阈值确定，提出关键指标的概念，即通过主成分分析方法确定对目标贡献度大于85%的指标，当关键指标显著时，通过判断关键指标级别来判断水库震损险情；当关键指标不显著时，运用线性加权和法对水库震损程度评价指标体系进行评价。

柳景华等（2008）探讨了震损水库险情判别标准和工作方法，并以盐亭县震损水库出险情况为实例进行判别。

而针对病险水库险情综合评价体系研究的文献相对较多：

李树枫等（2004）提出将工程技术指标的实际检测值与设计标准值进行对比，判断土石坝老化病害情况；将其老化程度分为A，B，C，D 4个等级，分别代表基本完好、轻微、较严重和严重4种老化状态；通过比较裂缝情况、渗漏状况、滑坡可能性、护坡破坏程度等4项指标的实际检测值与设计标准值，判断各种病害对土石坝安全的影响程度；依据《导则》，对大坝老化病害综合程度进行分级，确定土石坝病险程度等级。

张慧等（2006）将Delphi法、层次分析法和模糊理论法相结合，运用系统工程的思维与方法将尼尔基水库对政治、经济、技术、生态环境和风险等多方面的影响进行定性与定量分析，对工程方案进行较全面、客观的评价。

李雷等（2006）通过建立数学模型的方法，分析并提出生命损失、经济损失和社会环境3个大坝溃决后果严重性的主要影响因子，通过判断影响因子的严重程度系数及其对数非线性和对数线性评价模型，构造了溃坝后果严重程度的综合评价模型。

王焯（2010）分析影响尾矿坝安全稳定性的相关因素，建立尾矿坝安全评价指标体系，运用模糊综合评判与模糊模式识别理论相结合的评价方法，对尾矿坝运行的实际情况进行安全性分析。

张国栋等（2008）以现行大坝安全鉴定技术和专家经验为基础，将水库大坝病险分为五级；建立防洪能力、渗流、稳定、变形裂缝、抗震能力、金属结构、工程质量、运行管理、现场检查9个评价大坝病险程度因素的指标体系；采用线性加权和法对病险水库进行安全评价；提出病险水库安全评价影响系数模型以及两种权重确定方法；建立一套较为完整的病险程度综合评价体系。

季根蔡（2007）基于多层次分析法建立了水库大坝安全综合评价的定量评价模型，阐述了层次分析法在水库大坝安全综合评价中的应用方法，并利用工程实例论述了这一方法的可行性。

李文盛等（2008）通过分析滑坡产生的原因，建立滑坡评价指标体系，然后导入层次分析法确定指标权重，建立了一种较为简单的滑坡危险性评价方法。

2008年汶川发生8.0级强烈地震之后，关于震损水库的文章如雨后春笋般涌现出来，但是主要研究集中在震害特点分析、震损机制分析及应急处置和除险加固方法的研究等方面。

孙少楠等（2009）提出“5·12”汶川地震造成主震区江油市境内187座水库极其严重的损坏，震后基本处于瘫痪状态，主要的现象为坝体裂缝、滑坡、坍塌、渗漏、放水设施断裂、溢洪道损毁、管理房屋倒塌等，并分析震区水利工程地震损毁的特点，结合小型水库土石坝的设计原理和工程特点，阐述了土石坝震害产生的原因。

刘志明（2008）分析了震损特点，有针对性地提出了不同震害的处理方法，为工程技术人员编制应急抢险方案和灾后加固整治方案提供参考。

柳景华等（2008）针对如何快速划分震损水库所处险情状况，为有关部门决策提供技术支撑，提出对震损水库险情判别标准和工作方法进行初步探讨，并结合实例进行判别，得出结论是可靠的。

总体来说，国内外关于震损水库综合评价指标体系的文献非常少，涉及这方面的研究也不多，但是，上述文献将会为震损水库综合评价指标体系的建立提供研究重点，并指明方向。

1.3　综合评价指标体系研究进展

综合评价即对参评单位的多个指标进行评价的方法，称为多变量综合评价方法，或简称综合评价方法。其基本思想是选取能够反映综合情况的多个指标进行评价。评价指标体系是从多个层次和视角反映特定评价客体数量规模与数量水平的。它是一个“具体—抽象—具体”的辩证逻辑思维过程。

1.3.1　评价指标体系的构建原则

安全评价的核心问题即是评价指标体系的建立。指标体系是否科学、合理，直接影响安全评价的质量。因此，评价指标体系的建立必须遵循一定的原则。评价指标体系的建立主要有以下几项原则：①目的性原则；②科学性原则；③系统性原则（系统性原则包括相关性、层次性、整体性以及综合性原则）；④客观性原则；⑤可操作性原则；⑥定性与定量相结合原则。不同学者在不同时期针对各自不同的研究对象在遵循以上几项原则的基础上提出了不同的构建原则，如：相对独立性原则；用尽可能少的指标反映研究对象的原则；政策相关原则；与评价方法相一致的原则；可比性原则；代表性原则。

1.3.2　评价指标体系的构建方法

评价指标体系的构建方法不尽相同，不同学者在各自研究领域根据不同研究目标，提出不同的建立指标体系的方法，它们具有各自的特点，并不适用于所有研究对象。本书统计了几种常用的评价指标体系建立方法，如表1-1所示。

表1-1　评价指标体系建立方法

方法	指标体系的构成
系统法	按研究对象对其系统进行分类，逐类定出指标。本书按照水库的组成部分，根据震损水库各部位损坏情况，确定出各部位的安全评价指标
分析法	将研究对象分为目标层、准则层和指标层
归纳法（综合法）	首先把众多指标进行总结归类，再从不同类别中抽取一些指标构建指标体系
频度统计法	对目前与该领域相关的论文、期刊、书籍等进行频度统计，选些使用频度较高的指标，组建一个能使指标体系更加全面的评价指标体系
灰色关联度模型	此方法经常用于指标的筛选阶段，通过计算待选指标与参考指标之间的关联度，得到排序结果，最后选择和确定评价指标体系
主成分分析法	主成分分析是一种常用的多元统计分析技术，是模式识别中的一种降维映射方法。它将原始变量进行转换，使少数几个新变量成为原变量的线性组合，同时又尽可能地使信息完整。可应用于指标的筛选和优化

续表 1-1

方法	指标体系的构成
理论分析法	根据震损的内涵、特性进行综合分析，确定能体现水库震损险情的指标，并对单个指标的可行性、科学性以及正确性进行分析

1.3.3 评价方法

综合评价方法一般分为确定性评价方法与不确定性评价方法两大类。目前，常用于工程安全评价的方法有层次分析法、模糊综合评价法、灰色关联分析法、主成分分析法、数据包络评价法、神经网络评价法、遗传评价法等，另外还有一些方法是将上述方法中的两种结合得到的，如层次模糊综合评价法。具体方法及其适用性见表 1-2。

表 1-2　评价方法比较分析表

方法		描述	适用性
确定性	层次分析法	在对复杂决策问题的本质、影响因素以及内在关系等进行深入分析之后，构建一个层次结构模型，然后利用较少的定量信息，把决策思维数学化	操作简便，方便对比排序，直观应用
	灰色关联分析法	核心是计算关联度，关联度越大，说明比较序列与参考序列变化的态势越一致；反之，变化态势则相悖	通俗易懂，易于掌握，数据不必归一化处理，可用原始数据直接计算，可靠性强，但是要求样本数据具有时间序列特性
	主成分分析法	是模式识别中的一种降维映射方法，将多维空间的信息在低维空间中表现出来	在实际问题的研究中，既减少了变量的数目，又抓住了主要矛盾

续表 1-2

方法		描述	适用性
不确定性	模糊综合评价法	通过构造判断矩阵，确定各个指标的隶属度，最终通过模糊变换对各个指标进行综合评判	可同时用于主观和客观指标的综合评价
	神经网络评价法	将评价指标体系的基本信息作为神经网络的输出向量 X，网络的实际输出 Y 即为相应的综合评价值。神经网络经训练后，即可对目标进行综合评价	能有效地解决目标问题中的非线性问题，具有容错性、自适应等特点。但模型建立较为复杂，存在收敛速度较慢等几个致命弱点
	遗传评价法	根据适者生存的原则，在潜在的解决方案种群中逐次产生一个近似最优的方案	具有很好的全局搜索性能，易于并行化处理

1.4　本书的研究内容及技术路线

1.4.1　研究内容

考虑地震级别以及技术先进程度，本书以 2008 年四川省汶川地震造成的水库损害情况为研究背景，主要以辽宁省援建绵阳市安县的 27 座中小型震损水库作为研究对象，以绵阳市其他县以及德阳市、广元市、绵竹市等在这次地震中受损的 38 座中小型水库作为辅助研究典例，对其震损特点进行总结，分析研究中小型水库震损险情综合评价指标体系，并对中型白水湖水库以及小型黄水沟水库震损险情程度进行评级。本书主要分为以下 7 个部分：

（1）通过查阅大量相关文献，在了解水库安全评价方法以及现有水库综合评价指标体系内容的基础上，总结 65 座震损水库的主要破损情况，并进行分类。

（2）总结评价指标体系的构建方法，比较各方法的适用性，最终挑选出适用于震损水库险情评价指标体系的构建方法。

（3）遵循全面性、科学性原则，采用以频度统计法为主、综合法和分析法为辅的方法，构建评价指标全集。

（4）系统分析能够体现水库震损险情程度的指标，并采用定量（相关性分析法、主成分分析法）与定性（专家咨询法、理论分析法）相结合的方法对指标全集进行筛选及优化，最终建立中小型震损水库险情综合评价指标体系。

（5）采用层次模糊综合评价法对四川省白水湖水库（中型）以及黄水沟水库（小型）的震损险情进行综合评价，并对评价结果进行分析诊断。

（6）引入线性加权和法将各指标进行危险性排序，判断出对水库安全影响较大的指标即破损部位，及时对其进行除险加固。

（7）得出本次研究的结论，并提出建议。

1.4.2 技术路线

技术路线如图 1-1 所示。

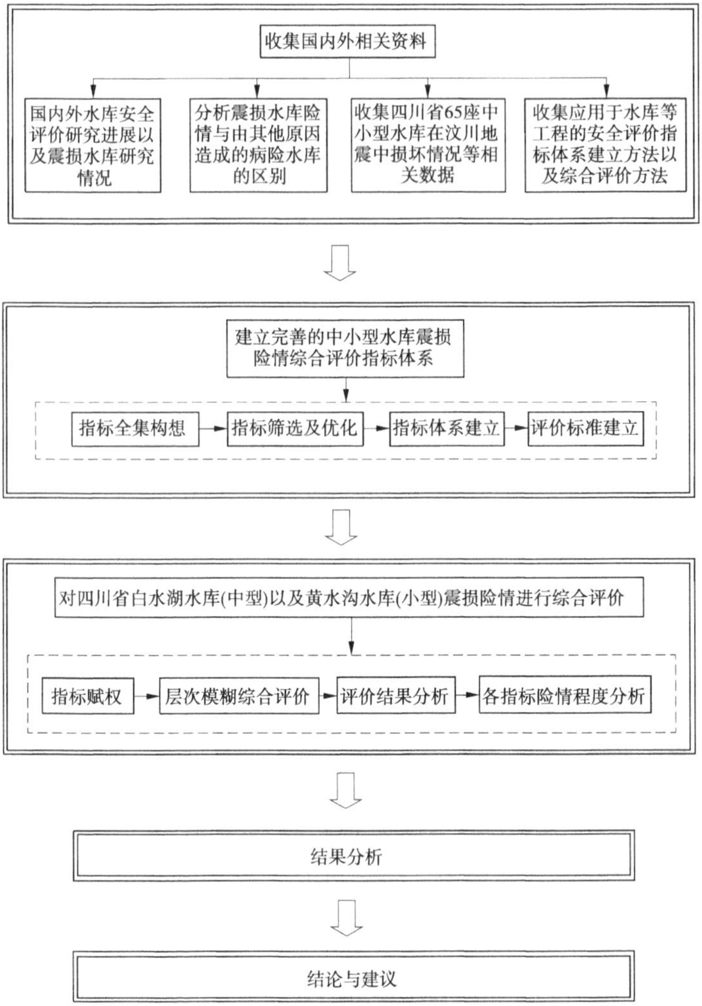
收集国内外相关资料
国内外水库安全评价研究进展以及震损水库研究情况
分析震损水库险情与由其他原因造成的病险水库的区别
收集四川省65座中小型水库在汶川地震中损坏情况等相关数据
收集应用于水库等工程的安全评价指标体系建立方法以及综合评价方法
建立完善的中小型水库震损险情综合评价指标体系
指标全集构想
指标筛选及优化
指标体系建立
评价标准建立
对四川省白水湖水库(中型)以及黄水沟水库(小型)震损险情进行综合评价
指标赋权
层次模糊综合评价
评价结果分析
各指标险情程度分析
结果分析
结论与建议

图 1-1　技术路线

第 2 章　水库震损情况概述

据统计，2008 ~ 2012 年我国发生 5 级以上地震 192 次，造成数万座水库坝体、溢洪道、放水隧洞以及两岸边坡发生不同程度的损坏。水库因地震造成的损坏程度受水库等级、大坝坐落当地的地质构造情况、大坝筑坝类型、地震等级及水库距震源的距离等因素影响。本次研究主要针对不同级别水库遭遇地震时造成的损坏情况，并进行总结，为震损水库险情分析评价指标体系的建立提供基础。

2.1　中小型水库震损概况

根据 2011 年 12 月第一次水利普查数据，我国共建水库 98 002 座，中小型水库数量占总数的 99% 以上，大部分水库于 20 世纪 50 ~ 70 年代修建在偏远山区和贫困地区。由于当时的各种基础设施比较薄弱，经济、技术有限，导致水库建设标准低，经过几十年的运行使用，大部分水库都带病运行。而且近些年地震的频繁发生，造成中小型水库各部位发生不同程度的损坏，对水库应急修复期间技术人员分配以及施工工期造成极大的压力。由于近些年发生地震的震级及特点，考虑到技术的先进程度，本书结合 2008 年四川省汶川发生的 8.0 级强烈地震对该区域中小型水库造成的破坏，分析震损水库出险特点。附表主要介绍四川省绵阳市、德阳市、广元市以及绵竹市的部分中小型水库震损情况。各市分布情况如图 2-1 所示。

由上可知，地震对水利工程造成的损坏，制约着水库效益的

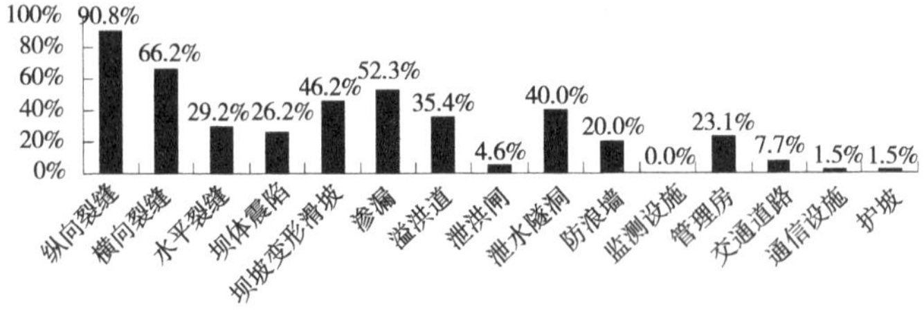

图 2-1　中小型水库震损情况

充分发挥，直接影响到水库下游城镇的安全及经济发展。以 2008 年“5·12”汶川地震为例，初步统计，汶川地震导致四川省 1 083 座水库出现险情，其中受损的中型水库 57 座，小（1）型水库 320 座，小（2）型水库 1 422 座。此外，地震还致使湖北和重庆地区 79 座水库出现险情。本书收集汶川地震由辽宁省援建绵阳市安县的 27 座水库的震损资料，以及其他灾区遭受震损的 13 座中型水库和 25 座小型水库的主要震害情况列入附表。本章以其中 5 座中型、5 座小型水库为例列入表 2-1 ~ 表 2-3。

从收集的资料可以看出，地震对水库造成的损坏主要集中在坝体、两岸边坡、闸门、溢洪道、隧洞以及一些管理设施。附表中 65 座水库震损形式占百分比统计如图 2-1 所示。具体表现形式体现在坝体裂缝、坝体滑坡、坝体渗漏；边坡滑坡、崩塌；闸门变形导致启闭不灵；溢洪道进口段、尾水渠段断裂变形；隧洞内部产生裂缝、漏水、洞口堵塞等现象。

2.2　震损因素分析

地震对水库造成的损坏及影响震损程度的因素很多，地震是外部因素，工程本身的抗震能力则是内部因素。通过对了解的情况初步分析，地震级别、震源深度、水利工程与震源的距离及工

表 2-1　汶川地震灾区受损中型水库震害特征

序号	水库名称	规模	所在位置	坝型	库容（万 m^3）	坝高（m）	坝长（m）	震损等级	主要震害描述
1	莲花洞水库	中型	彭州市	土石混合坝	1 538	23.50	286.6	高危险情	①坝体坝顶发生沉陷，下沉高度超过 50 cm，坝顶中间有纵向裂缝产生，上游坝坡混凝土预制块大面积挤压隆起，局部向外鼓出，防渗墙上方坝面有较大裂缝产生，宽度约 30 cm，深 60 cm，坝脚有明显滑动；②上游面护坡混凝土表面分离，土工布有断裂产生；③下游坝坡底部有部分拱起；④溢洪道左侧局部滑坡，堆积体堵塞泄洪通道，排水沟结构部分损坏
2	继光水库	中型	德阳市中江县	钢筋混凝土斜墙干砌石坝	9 820	43.50	262.1	高危险情	①坝体沉降约 30 cm，向下游位移 27 cm；②下游坝坡条石存在纵、横向裂缝，横向裂缝最大缝宽 1 cm；③渗流量增加，从震前 29.5 L/s 增大到 37.5 L/s；④防空洞工作闸门出现漏水

续表 2-1

序号	水库名称	规模	所在位置	坝型	库容（万 m^3）	坝高（m）	坝长（m）	震损等级	主要震害描述
3	响滩子水库	中型	德阳市中江县	黏土心墙堆石坝	1 879	42.00	216	高危险情	①坝体发生震陷，垂直位移 8 cm，水平位移 -1.7 cm；②坝顶路面有断续纵向裂缝产生，总长约 220 m，宽 5 ~ 30 mm；③下游坝坡产生裂缝，宽达 3 cm；④坝脚左侧产生渗漏，导流洞渗流量增加；⑤防浪墙局部挤压破坏，出现裂缝
4	黄鹿水库	中型	德阳市中江县	泥岩土心墙石渣坝	2 350	38.73	472	高危险情	①坝顶发生震陷，下陷高度大于 22 cm，上游坝坡混凝土护坡大面积滑坡，下游坝坡局部有鼓起现象，混凝土护坡局部滑坡；②坝顶路面出现大量裂缝；③防浪墙局部损坏，有拉裂缝产生

续表 2-1

序号	水库名称	规模	所在位置	坝型	库容（万 m^3）	坝高（m）	坝长（m）	震损等级	主要震害描述
5	白水湖水库	中型	绵阳市安县	均质土坝	1 627	24.4	170	次高危险情	①大坝变形明显，最大水平位移向上游方向 29 mm，向下游方向 26 mm，累计最大沉降量 36 mm；②坝顶、内坡和右坝肩出现了纵向裂缝 7 条，横向裂缝 8 条，裂缝总长 310 m，缝宽 1 ~ 6.5 cm，最长的一条裂缝为纵向裂缝，在坝顶平行于坝轴线紧邻防浪墙位置，长 69 m，宽 1 ~ 2 cm；③溢洪道局部已震损坍塌、震裂、变形；④输水设施出现裂缝及坍塌，渗流量加大，影响运用

表 2-2　汶川地震灾区受损小（1）型水库震害特征

序号	水库名称	规模	所在位置	坝型	库容（万 m^3）	坝高（m）	坝长（m）	震损等级	主要震害描述
1	五一水库	小（1）型	绵阳市安县	均质土坝	100	23.67	180.00	溃坝险情	①坝顶产生纵向裂缝 3 条，长 81 m，宽 40～50 cm；②坝顶及上、下游坝坡产生大量横向裂缝，较严重的有 19 条，最长横向主裂缝邻近纵向主裂缝的两端，其长度横贯坝顶及上、下游坝坡，深度可达坝顶以下 7～8 m；③坝顶混凝土块碎裂，变形严重，最大沉陷量为 0.46 m；④上游坝坡局部凹陷变形，邻近坝顶的下游坝坡局部凹陷变形；⑤管理房墙体损坏严重，有些全部倒塌；⑥坝肩渗漏，有 2～8 cm 宽裂缝，局部断裂，坍塌成碎块，坝后排水设施堵塞；⑦溢洪道出口局部坍塌

续表 2-2

序号	水库名称	规模	所在位置	坝型	库容（万 m^3）	坝高（m）	坝长（m）	震损等级	主要震害描述
2	丰收水库	小（1）型	绵阳市安县	均质土坝	196	15.23	230	溃坝险情	坝体顶部有大量裂缝产生，其中纵向裂缝有 3 条，一条贯穿坝体，宽约 0.5 m，下游坝坡裂缝较多，局部隆起，长 3 ~ 4 m，宽 0.3 ~ 0.5 m，拱起高度约 15 cm
3	狮儿河水库	小（1）型	绵阳市江油市	均质土坝	360.00	17.40	241.00	溃坝险情	①坝体顶部出现大量裂缝，其中纵向裂缝长约 110 m，宽 8 ~ 10 cm，深约 1 m；②余震造成裂缝增加，其中一条长 0.3 m，与主缝相距 2 m；③上、下游砌石护坡局部变形，下游砌石护坡有裂缝 1 条，宽1 ~ 5 cm，断续分布于坝体中部，长约 50 m；④放水隧洞管理房围墙坍塌

表 2-3　汶川地震灾区受损小（2）型水库震害特征

序号	水库名称	规模	所在位置	坝型	库容（万 m^3）	坝高（m）	坝长（m）	震损等级	主要震害描述
1	双石桥水库	小（2）型	绵阳市安县	均质土坝	27	11.00	230	溃坝险情	①坝体顶部出现裂缝，其中纵向裂缝长约 110 m，宽 8 ~ 10 cm，深约 1 m；②下游护坡有水平裂缝产生，宽 1 ~ 5 cm，长约 50 m；③上、下游护坡部分变形，局部有下滑倾向；④管理房墙体震裂、坍塌，无法正常使用
2	观音堂水库	小（2）型	绵阳市江油市	均质土坝	25	9	148	溃坝险情	①坝体顶部震陷，沉降量约 30 cm；②上游坝坡有水平裂缝产生，宽 10 ~ 40 cm，长约 70 m，深约 3 m，贯穿坝体；③上游护坡有大面积滑坡产生

程当地的地质情况是影响水库损坏程度的外部因素；而工程本身的抗震级别、筑坝类型以及当时水利工程的运行管理情况都是工程破坏程度的内部因素。

“5 · 12”汶川地震是典型的构造地震，地震烈度等值线呈扁平的椭圆形，面积约 2 419 km^2，以四川省汶川县映秀镇和北川县为两个中心呈长条状分布，如图 2-2 所示，其中汉源县位于Ⅵ度区和Ⅶ度异常区，这种现象在一定程度上验证了震波扩散传播的能量与地质构造条件有重要关系的理论。地震按在地球内部传播方式分为体波和面波，其中体波又分为纵波和横波，地震时，纵波较快传播到地面；面波又分为勒夫波和瑞利波。地震横波表现为左右摇晃，这种波是地震造成建筑物破坏的主要原因。有研究表明，地震横波传播方向与坝体轴线的夹角和坝体震害程度有关。纵波促使地层与建筑物上下颠簸，由于建筑物的填筑体密实度可能不均匀，经历纵波作用后，建筑物就会发生差异沉降，如土石坝填筑密度存在分界或者分区，差异沉降就会使坝体产生裂缝甚至滑坡。

坝体的填筑形式有很多种，根据填筑材料可分为均质土坝、沙砾石坝、浆砌石重力坝、浆砌石拱坝等坝型。不同坝型抗震性能不同，与其他坝型相比，浆砌石重力坝的抗震性能较好。除筑坝类型外，坝体设计、工程建设以及运行管理等都是影响震损程度的重要因素。很多坝体工程勘察设计不到位，尤其是中小型水库大多数修建于 20 世纪 50 ~ 70 年代，由于当时技术水平低下、资金困难和政治形势的变化，很多工程没有进行勘察设计，完全凭借经验施工。有些工程并不大，但在当时却经历很长的周期，不同时期填筑的土料使坝体填筑层之间的结合并不好。这样的工程运行几十年，运行期间管理不当，出现问题不能及时修复，造成问题严重化。部分水库在遭受地震之前已经是病险水库，地震将会加剧水库的损坏程度。

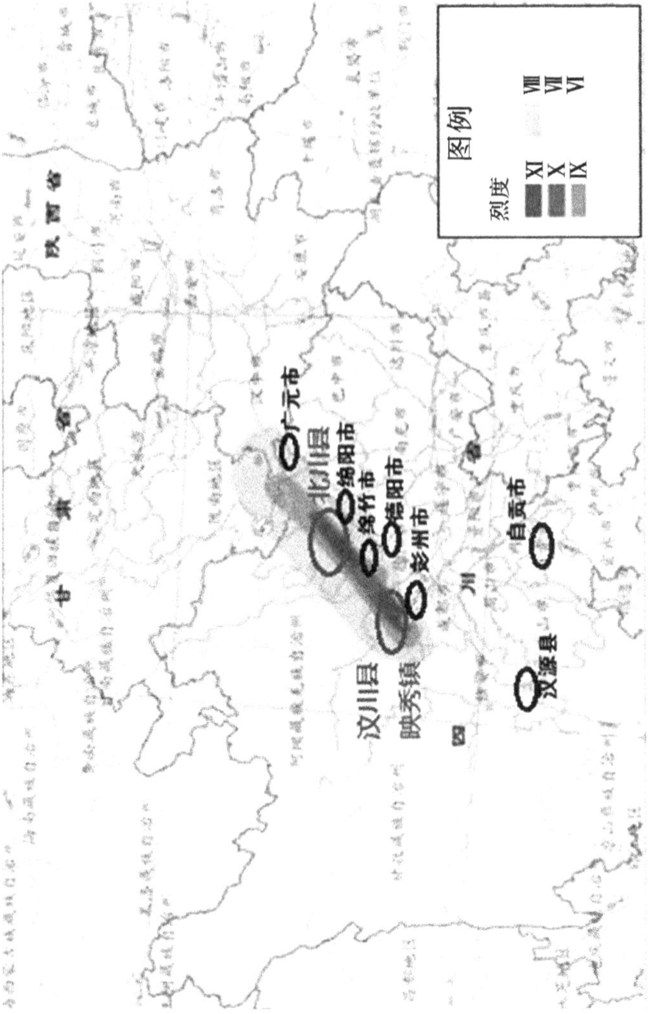

图 2-2　四川省汶川地震烈度及影响分布图

本书主要针对地震造成水库坝体及主要建筑物损坏的情况进行总结与分析，初步建立中小型水库震损险情综合评价指标体系，并未对地震级别、地质构造、筑坝类型等内、外部因素进行综合研究。

第 3 章　中小型震损水库险情评价指标体系建立

所谓指标，是指根据研究的对象和目的，能够确定地反映研究对象某一方面情况的特征依据。每个评价指标都从不同侧面刻画对象所具有的某种特征。所谓评价指标体系，是指由多个相互联系、相互作用的评价指标，按照一定层次结构组成的有机整体。它能够根据研究的对象和目的，综合反映出对象各方面的情况。指标体系不仅受评价客体与评价目标的制约，而且也受评价主体价值观念的影响。

震损水库险情评价指标体系是进行险情评价的基础，是水库应急修复的理论依据。因此，建立震损水库险情评价指标体系必须以全面反映水库各个损坏部位损坏程度为前提，以完善、合理、科学为指导，构建一套具有实际操作意义的、能够反映水库遭遇地震后损坏级别以及各部位的损坏程度的险情综合评价指标体系。

为了全面反映水库遭遇地震之后的损坏程度，本次评价指标体系的构建经过指标初选、筛选与最终确定三个阶段。建立评价指标所遵循的原则和建立的方法在每个阶段各有不同。

3.1　评价指标初选

3.1.1　初选指标的原则

初选评价指标意在全面反映水库的震损情况，即建立一个评价指标全集。因此，在此阶段对评价指标的个数、指标间的内在联系以及指标的可操作性都不做过多要求。在指标初选阶段，应遵循全面性、科学性原则，对指标体系的构建力求全面。

（1）全面性原则：震损水库险情评价指标体系的目的是判断水库损坏级别，使技术人员及时修复水库各部位，对其除险加固。因此，必须有一套完备、科学且实用的评价指标体系，才能全面反映水库的损坏情况。

（2）科学性原则：评价指标体系中每一个指标的计算内容和计算方法都必须科学合理。

（3）实用性原则：所有指标都需有据可查、有数据可计算，可量化考核，并具有相对的稳定性。

（4）可操作原则：每个指标能够及时收集到准确的数据。

3.1.2 初选指标的方法

本次初选采用以综合法和频度统计法为主、以分析法为辅的原则。

3.1.2.1 综合法

综合法即大量阅读相关文献和书籍，收集整理与水库遭遇地震破损部位相关的指标，进行归纳整理，然后对众多指标进行系统的分类，形成初期指标数据库，并对收集的指标按照一定标准进行分类，从而使之构成一个体系。

3.1.2.2 分析法

分析法是将评价对象或目标分成若干组成部分（子系统），然后继续细分，直到每个部分都可以用几个相应的指标来体现。

3.1.2.3 频度统计法

在指标初选中，频度统计法是对与该领域相关的报告、论文、期刊、书籍中使用的指标等进行频度统计，选择使用频度相对较高的指标。

3.1.3　指标全集的构建

第 2 章调查了“5·12”汶川地震发生后，四川省主要受灾区 65 座中小型水库的震损情况，收集了基础资料，分析了中小型水库的震损特点。本章主要按照水库的组成部分来分析能够反映水库震损情况的指标，在此基础上反复修改、讨论与完善，建立震损水库险情综合评价指标体系。

建立较全面的评价指标体系，需要对水库各个组成建筑物进行调查研究。而水库由不同作用的水工建筑物组成，按其在水利枢纽中所起的作用可分为挡水建筑物、泄水建筑物、输水建筑物、取水建筑物、整治建筑物、专门建筑物。

下面主要针对中小型水库的水工建筑物组成，分析影响水库安全的部位及其破坏的表现形式，总结一套完善的、能够科学反映水库震损程度的评价指标体系。

3.1.3.1　挡水建筑物

挡水建筑物用以拦截或约束水流、壅高水位、调蓄水量。由于同一种建筑物的功能并非单一，有时可兼有多种功能，如水闸、溢洪道兼有挡水和泄水的功能，因此本书将坝体、两岸边坡、闸门归为挡水建筑物。

水库遭遇地震后，坝体主要有裂缝、渗漏、沉陷以及上下游滑坡等破坏现象，并且坝体裂缝、坝体渗漏具有不同的表现形式，具体如下。

1. 坝体裂缝

坝体裂缝是地震造成水库损坏较为常见的现象，裂缝的影响因子不外乎长度、宽度、深度。地震造成水库大坝产生的裂缝宽度，最窄的不到 1 mm，较宽的达 0.6～0.8 m，有的甚至更宽；裂缝长度不一，长达数十米，甚至更长；裂缝深度有的不到 1 m，有的深达坝基。裂缝的主要类型有平行于坝轴线的纵向裂缝，坝顶两端垂直于坝轴线的横向裂缝以及存在于坝体上下游坝坡的水平裂缝。而滑坡也是坝体裂缝引起的一种破坏，这种裂缝可能具有不定的方向性，一般在平面上呈弧形，缝口有明显错动，下部土体发生位移，有离开坝体倾向，因此将坝体滑坡列为坝体裂缝一类，称之为滑坡裂缝。还有一种裂缝叫作沉陷裂缝，顾名思义，这种裂缝是坝体沉陷的主要原因，多发生在坝体与岸坡结合处、坝下埋管部位，以及坝体和溢洪道边墙接触部位。

1）横向裂缝

横向裂缝与坝轴线垂直或斜交，此种裂缝多在填筑质量差、两侧坝肩岸坡地形陡、坝体长高比小的大坝上发育。地震后坝体不均匀沉陷造成坝肩与河谷中心部分坝顶产生横向裂缝，若贯穿防渗体，将造成集中渗漏，若不及时修复将会继续发展，危害极大。

2）纵向裂缝

纵向裂缝为大坝震害中发现率最高的一种大坝地震损坏现象，多发生在土石坝坝体中。此种裂缝与坝轴线平行，多出现在坝顶及坝坡上部，长度较横向裂缝长。由于地震造成坝体或坝基不均匀沉陷，坝体出现纵向裂缝。

3）水平裂缝

此种裂缝平行于坝轴线，多数发生在坝体上下游坝坡上。有的学者对坝体老化病害进行评价时认为，坝体内部裂缝属于水平裂缝，但坝体内部裂缝也是坝体沉陷的重要原因。因此，本书定义水平裂缝为坝体上下游坝坡平行于坝轴线的裂缝。

4）滑坡裂缝

滑坡裂缝中段接近平行于坝轴线，裂缝两端逐渐向坝脚延伸，呈弧状，多由于地震导致的水压力不稳而发生。滑坡裂缝常发生在上游坝坡，下游坝坡较少出现，形成过程短促，缝口错动明显，下部土体移动，有离开坝体倾向。它对拱坝梁有破坏作用，但对拱坝的影响不大。

2. 坝体沉陷

坝体沉陷产生的原因是坝体内部存在裂缝，垂直于坝体延伸。通过对“5·12”汶川地震受损中小型水库的调查发现，坝体遭遇地震多数发生沉陷，沉陷量不等。李红军（2008）认为，对于坝高 100 m 以下的坝，允许沉陷量可达到坝高的 2%；对于 100 m 以上的坝，可降低到 1.5%；坝体地震变形不至于影响坝体抗震安全。由此可以看出，若将沉陷裂缝特征列入中小型水库震损险情评价指标体系中，不足以体现坝体的损坏程度，因此本书将坝体沉陷列为一个单独指标。

3. 坝体渗漏

地震导致水库坝体渗漏的主要类型有坝身渗漏、坝基渗漏以及绕坝渗漏。地震造成坝体渗漏的情况有 3 种：第一种是震前坝体有渗漏现象，震后渗漏量加大或渗漏点增多；第二种是坝体震前并未产生渗漏现象，震后渗漏点出现；第三种是震后坝体渗漏量较震前减少或浸润点上升等，说明坝体密度均匀性失调，将发生失稳。

渗漏的原因主要有 4 种：坝体防渗体破坏，防渗效果失效；坝体与金属结构结合处分离；坝体遭到地震晃动，在与山包结合处出现缝隙，导致渗漏；坝顶出现贯穿性横向裂缝。考虑到贯穿性横向裂缝在坝体裂缝中有提到，因此在坝体渗漏中不考虑在内。本书将坝体渗漏按其发生部位主要分为两种，即坝基渗漏与绕坝渗漏。

1）坝身渗漏

本书将坝体防渗体破坏导致的渗漏、坝体与金属结构等相关涵管结合处分离发生的渗漏列为坝身渗漏，其中贯穿性横向裂缝导致的渗漏并不包括在内。

2）坝基渗漏

由于坝基防渗措施不足，地震时坝体防渗体受损、坝基空隙水压力激增等原因造成坝基渗漏。

3）绕坝渗漏

绕坝渗漏是渗水通过坝端山包未挖除的坡积层、岩石裂缝、溶洞和生物洞穴等，从下游岸坡溢出。地震造成大多数坝体原有绕坝渗漏点渗漏量明显增大。

4. 副坝

有些水库不仅有一座坝体，可能根据当地地形条件由主坝与一座或多座副坝组成，副坝同样具有防洪减灾等作用，但作用相比主坝次要，副坝在地震的危害下同样产生裂缝与渗漏等破坏。因此，本书将副坝列为一级指标，其二级指标同主坝一致。若被评价水库只有一座主坝，则将该指标组删除。

5. 两岸边坡

若水库两岸边坡有危岩、松散的风化物质存在，地震发生后岩体会松动，可诱发产生崩塌、滑坡和泥石流，甚至会形成堰塞湖等现象。

“5·12”汶川大地震造成四川多处山体滑坡，堵塞河道，形成34处堰塞湖。其中，唐家山堰塞湖蓄水量超过1亿 m^3，另外蓄水量超过300万 m^3 的大型堰塞湖有8处，对下游地区造成严重威胁。

3.1.3.2 泄水建筑物

泄水建筑物用以排泄水库、湖泊、河渠等中的多余水量，或为人防、检修而放空水库，以保证枢纽安全的水工建筑物。本书将泄水闸、溢洪道、泄水（输水）隧洞归为泄水建筑物。

1. 泄水闸

闸门是用来开关水工建筑物的表面式泄水孔和深孔，主要由上游连接段、闸室与下游连接段组成。

目前，对水闸进行综合评价主要遵循1998年水利部颁布的《水闸安全鉴定规定》（SL 214—98），规定了水闸的安全鉴定应对工程现状调查、现场安全监测、工程复核计算、水闸安全评价、水闸安全鉴定工作总结五个方面进行评价。结合《水闸安全鉴定规定》（SL 214—98），选取能够体现水闸各部位震损程度的评价因素，即上游连接段混凝土结构、闸门、启闭控制设施及消能防冲设施四个指标。

（1）上游连接段混凝土结构。水闸上游连接段由两边翼墙、闸墩闸底板组成，遭遇地震后易产生裂缝，部分甚至会脱离主体，钢筋弯曲锈蚀，无法正常发挥其功能。

（2）闸门。闸门构造材料不同，可分为金属的、木质的、钢筋混凝土的、混合的。由于构造材料不同，发生破损的特点也不同，大多数水库闸门构造材料是金属的，地震前已锈蚀严重，遭遇地震后发生扭曲破坏，钢丝绳老化断裂，闸门无法正常开启。因此，该指标属于定性指标，由专家评定。

（3）启闭控制设施。启闭控制设施包括机电控制设备以及闸室建筑结构。地震剧烈摇晃造成电力设施损坏、机电控制失效，同时在摇晃过程中，闸室坍塌，控制设备损坏，无法控制启闭闸门。

（4）消能防冲设施。消能防冲段断裂损坏，无法发挥正常功能。

2. 溢洪道

溢洪道是水库枢纽中的重要建筑物，其安全性如何直接影响水库的安全。中小型水库由于受工程造价限制，有些溢洪道设有闸门，有些并未设置闸门。因此，本书将闸门、启闭控制设施作为控制段的下级指标，溢洪道震损评价因素由进口段、控制段、泄流段、消能段组成。

（1）进口段。溢洪道进口段发生损坏，影响引水能力。

（2）控制段。溢洪道控制段主要由闸门、启闭控制设施组成。若某水库溢洪道没有闸门，在评价其震损险情时，可将此指标舍去。

（3）泄流段。泄流段主要指泄槽，溢洪道由于长时间使用冲刷严重，遭遇地震后泄槽损坏更加严重，影响洪水下泄。

（4）消能段。泄槽冲刷严重，导致水流不能按照规定的方向下泄，造成消力池部分冲刷严重。

3. 泄水（输水）隧洞

（1）进口段。隧洞进口段发生损坏，影响下泄能力。

（2）控制段。同溢洪道相似，隧洞控制段由闸门、启闭控制设施组成。遭遇地震后隧洞闸门变形，启闭不灵；启闭控制设施遭到破坏，无法正常操作。

（3）洞体。隧洞洞体遭遇地震后发生裂缝，渗漏量增大。

（4）出口段。出口段出现裂缝、坍塌，影响水流正常下泄。

3.1.3.3 其他建筑物

中小型水库遭遇地震后水库防浪墙出现裂缝，监测设施损坏，交通道路中断，管理房部分坍塌，通信线路中断。

（1）防浪墙。水库坝体防浪墙产生裂缝，部分坍塌。

（2）管理房。管理房部分坍塌，无法正常运作。

（3）监测设施。大部分中小型水库监测设施遭遇地震前已经无法运行，遭遇地震后不能用其监测大坝运行。

（4）通信设施。地震影响通信网络，导致通信中断。

（5）交通道路。地震造成建筑物坍塌，阻碍交通，阻碍除险行动。

3.2　评价指标筛选

评价指标初选只是基于水库震损特点而建立的一套能够反映水库各组成部分震损程度的可能全集，但是并不一定科学与必要。有些指标可能重复，互相干扰，也未必符合水库震损险情评价的要求。因此，必须对初选指标进一步筛选与优化。

评价指标筛选的原则是在不失全面的同时，分析各指标间关系，采用定性与定量相结合的筛选方法，通过专家咨询、理论分析及相关性分析确定指标体系。

3.2.1　评价指标的筛选原则

筛选指标同样也要遵循全面性、科学性、实用性的原则，在此基础上还需遵循以下几项原则：

（1）定性与定量相结合原则。由于水库组成的复杂性，有些指标影响水库险情程度，而这些指标是不可量化的，但对水库安全有主导作用，需要采用定性描述。若全部指标都是定量指标，评价结果失真也是有可能发生的。因此，水库震损险情综合评价指标体系应具有定性与定量相结合的特性。

（2）系统优化原则。水库震损险情综合评价指标体系中的指标间具有横向联系，反映不同部位的相互制约关系；有的指标具有上下级关系，反映不同层次之间的包含关系。同时，同层次指标间尽可能界限分明，要体现很强的层次性与系统性。

（3）独立性原则。在评价指标体系建立的过程中，为满足指标选取的全面性，指标间不免存在信息上的重叠，应力求减少指标间的相关程度。

（4）目标导向性原则。评价的目的不单是评出名次及优劣程度，更重要的是诊断出结果，为水库应急修复提供科学依据。

3.2.2　评价指标的筛选方法

本书初步建立的中小型水库震损险情综合评价指标体系中既有定性指标，又有定量指标，因此选用评价指标的筛选方法时，要定性筛选与定量筛选兼顾选择。定性筛选可以很好地发挥人的主观能动性，准确地把握评价指标与综合评价的本质，对水库进行险情评价时很多指标需要专家根据多年经验来分析判断。但是定性分析缺乏客观性，容易受到主观影响，而定量筛选可以很好地弥补这一缺点，但是若过分依赖定量分析，很有可能产生一些失真的结果。这是因为在进行定量分析时，采用的样本数量以及特点是有限的，当样本无法完全代表总体时，结果就可能出现偏差，无法适用于其他样本。因此，在筛选过程中应以定量筛选为基础，以定性筛选为补充，定量分析指标体系基本形态，然后定性分析并确定指标体系的最终形态。

3.2.2.1　定量筛选的方法

1. 相关性分析

本书要对初步选取的指标体系进行相关性分析，判断它们的相关程度，删除相关性较大的指标。本书采用 SPSS 软件对初选的中小型水库震损险情综合评价指标体系进行相关性分析。

2. 主成分分析法

主成分分析法是设法将原来众多的具有一定相关性的指标体系，重新组合成一组新的互相无关的综合指标来代替原来的指标。主成分分析法是考察多个变量间相关性的一种多元统计分析方法，研究如何通过少数几个主成分来揭示多个变量间的内部结构，即从原始变量中导出少数几个主成分，使它们尽可能多地保留原始变量的信息，且彼此间互不相关。水库震损险情程度判断属于多目标、多属性的决策问题，许多变量之间存在互相重叠的关系，其中部分变量起到主导的作用，而另一些变量包含的信息量可以忽略。因此，可以通过对变量相关系数矩阵细部结构关系的研究，判断每个指标对整体综合评价的贡献度，将贡献度较小的指标删除。

3. SPSS 软件介绍

SPSS 软件广泛地应用于统计学、应用数学、经济学、生物学和生态学等领域。相关性分析、主成分分析和因子分析等多元统计分析方法可以很好地在 SPSS 软件中实现。因此，本研究采用相关性分析以及主成分分析对指标进行筛选优化，运用 SPSS 软件进行运算，主要步骤如下：

（1）根据研究问题收集指标相关数据。

（2）数据标准化处理。SPSS 软件在 Factor 过程中自动进行标准化处理，但不会通过对话框的形式给出标准化数据。

（3）计算数据之间的相关系数矩阵 $\boldsymbol{R}$，并求矩阵 $\boldsymbol{R}$ 的特征值、特征向量和贡献率。

$$\boldsymbol{R} = \begin{bmatrix} r_{11} & r_{12} & \cdots & r_{1n} \\ r_{21} & r_{22} & \cdots & r_{2n} \\ \vdots & \vdots & & \vdots \\ r_{n1} & r_{n2} & \cdots & r_{nn} \end{bmatrix} \tag{3-1}$$

式中，r_{ij}（i，j =1，2，…，n）为原变量 x_i 与 x_j 之间的相关系数，其中 $r_{ii}=1$，$r_{ij}=r_{ji}$。

（4）确定指标的主成分个数 m。根据主成分包含信息的累计值确定主成分个数，一般取累计值大于 85% 的前 m 个值作为主成分。

（5）确定主成分 F_i 的表达式。用初始因子载荷矩阵中的数据除以主成分相对应的特征值后开平方根便得到 k 个主成分中每个指标所对应的系数，将得到的系数与标准化后的数据相乘就可以得到主成分表达式。

（6）建立主成分综合模型，确定各变量在主成分中所占的权重。以每个主成分所对应的特征值占所提取主成分总的特征值之和的比例作为权重，计算得到主成分综合模型。

3.2.2.2 定性筛选的方法

1. 专家咨询法

定性指标筛选对专业知识、理论分析能力、个人经验等要求很高，因此在筛选的过程中采用专家咨询法。在整个筛选过程中，专家咨询法贯穿其中，遇到问题，随时与专家进行沟通。

2. 理论分析法

根据水库震损特点以及破坏形态进行综合分析，确定影响水库安全的指标，并对单个指标的可行性、科学性以及真实性进行分析。指标的可行性要求指标的获取在经济和技术上可行；指标的科学性体现在计算方法、内容以及范围是否科学；指标的真实性是指数据资料来源是否可靠，计算用到的数据是否正确无误。

3.2.3 指标的定量、定性筛选

本次构建指标体系的目的在于对中小型水库震损险情程度进行总体评价，探讨影响水库安全的主要指标。水库震损险情评价指标体系包括水库主要的组成建筑物，即坝体、两岸边坡、泄水闸、溢洪道、隧洞以及防浪墙等相关的其他建筑物六个子系统。评价指标的筛选是将初选指标进行相关性分析以及主成分分析，得出各指标相关程度以及各指标对整体的贡献度的高低，在定量评价的同时也进行定性评价，定性筛选贯穿整个筛选过程。初选中小型水库震损险情综合评价指标体系具体结构见表 3-1。

表 3-1　初选中小型水库震损险情综合评价指标体系具体结构

目标层	准则层	一级指标层	二级指标层
中小型水库震损险情综合评价	坝体破坏	坝体裂缝	横向裂缝 a_1
			纵向裂缝 a_2
			水平裂缝 a_3
			滑坡裂缝 a_4
		坝体沉陷 a_5	
		坝体渗漏	坝身渗漏 a_6
			坝基渗漏 a_7
			绕坝渗漏 a_8
	两岸边坡 a_9		
	泄水闸	上游连接段混凝土结构 a_{10}	
		闸门 a_{11}	
		启闭控制设施 a_{12}	
		消能防冲设施 a_{13}	
	隧洞	进口段 a_{14}	
		控制段	闸门 a_{15}
			启闭控制设施 a_{16}
		洞体 a_{17}	
		出口段 a_{18}	
	溢洪道	进口段 a_{19}	
		控制段	闸门 a_{20}
			启闭控制设施 a_{21}
		泄流段 a_{22}	
		消能段 a_{23}	
	其他破坏	防浪墙 a_{24}	
		管理房 a_{25}	
		监测设施 a_{26}	
		通信设施 a_{27}	
		交通道路 a_{28}	

考虑到本研究目的，既要评价出水库遭遇地震后的险情等级，又要通过评价指标的综合得分值来判断水库各部位的损坏程度，在对初选指标体系进行定量筛选时将“其他破坏”指标组保留，这是因为“其他破坏”下级指标都是相互独立的部位，不需判断相关性。因此，保留防浪墙、管理房、监测设施、通信设施以及交通道路指标，只对23个指标进行定量分析。

（1）考虑变量数据获取情况，3座中型水库分别为白水湖水库、莲花洞水库以及工农水库，2座小型水库分别为五一水库、丰收水库，23个指标值见表3-2。其中，坝体裂缝有长度、宽度、深度三种数据表现形式，但不能全部输入，因此本研究取长度作为裂缝的数据。鉴于泄水闸、溢洪道、隧洞下级指标部分名称一致，因此在各组下级指标末加上字母代表某组指标，泄水闸（Z）、溢洪道（Y）、隧洞（S），例如泄水闸指标的下级指标闸门用“闸门Z”表示。

（2）运行SPSS软件，得到相关系数矩阵、方差分解主成分提取表和初始因子载荷矩阵。相关系数矩阵、方差分解主成分提取表和初始因子载荷矩阵分别见表3-3～表3-5。

（3）根据主成分包含信息的累计值确定主成分个数，一般取累计值大于85%的前m个值作为主成分。由表3-4可知，本次提取4个主成分。

由表3-5可以看出，两岸边坡、混凝土结构Z在第一主成分中占有较高荷载，而横向裂缝与水平裂缝在第三主成分中占有较高荷载，但是无法清晰地看出每个指标对整体的贡献度，因此需要构建主成分综合模型进行分析。

（4）用表3-5中的数据除以主成分相对应的特征值后开平方根，得到4个主成分中每个指标所对应的系数，将得到的系数与标准化后的数据相乘就可得到主成分表达式：

表 3-2　四川省实例水库震损险情影响因子的具体资料

库名	X_1	X_2	X_3	X_4	X_5	X_6	X_7	X_8	X_9	X_{10}	X_{11}	X_{12}	X_{13}	X_{14}	X_{15}	X_{16}	X_{17}	X_{18}	X_{19}	X_{20}	X_{21}	X_{22}	X_{23}
白水湖水库	9	69	24	4	3	0.64	0.48	0	4.5	4	5.5	4	6	6	5	4	5.5	6	6	6	5.5	6.5	5.5
莲花洞水库	12	90	40	5	8	0.76	0.56	0.46	5	4.5	5	4.5	7	6	5.5	6	6	5.6	5.5	6.5	7	7	5.5
工农水库	10	80	36	4	4	0.58	0.52	0.15	4.8	6	7	6	6	7	8	7	7.5	6.5	6.5	7	6.8	7.5	6
五一水库	12	81	48	5	4	0.78	0.64	0.54	6.5	6.5	7	5.5	6.5	7	7.5	6	8	7	7.2	7.5	6.5	7	7.5
丰收水库	5	200	16	5	6	0.79	0.74	0.38	7	7	7	6.5	7	7.5	7.5	5.5	7.5	6	7	7.8	6	8	6

表 3-3 变量因子的相关系数矩阵

	X_1	X_2	X_3	X_4	X_5	X_6	X_7	X_8	X_9	X_{10}	X_{11}	X_{12}	X_{13}	X_{14}	X_{15}	X_{16}	X_{17}	X_{18}	X_{19}	X_{20}	X_{21}	X_{22}	X_{23}
X_1	1.00																						
X_2	-.831	1.00																					
X_3	.935	-.662	1.00																				
X_4	.032	.497	.200	1.00																			
X_5	.043	.395	.039	.685	1.00																		
X_6	-.083	.535	.058	.968	.570	1.00																	
X_7	-.506	.856	-.233	.776	.362	.788	1.00																
X_8	.275	.288	.489	.939	.595	.846	.674	1.00															
X_9	-.419	.744	-.124	.745	.191	.775	.974	.682	1.00														
X_{10}	-.389	.626	-.036	.423	.000	.369	.813	.492	.844	1.00													
X_{11}	-.347	.381	-.024	.047	-.385	.014	.540	.172	.623	.912	1.00												
X_{12}	-.494	.670	-.174	.264	.060	.179	.717	.323	.694	.950	.878	1.00											
X_{13}	-.174	.651	-.078	.913	.875	.874	.724	.768	.605	.290	-.128	.241	1.00										
X_{14}	-.530	.667	-.198	.272	-.093	.237	.763	.313	.782	.979	.937	.970	.186	1.00									
X_{15}	-.199	.354	.133	.135	-.139	.020	.522	.312	.563	.915	.940	.928	.000	.910	1.00								
X_{16}	.309	-.008	.522	.167	.285	-.073	.159	.426	.131	.511	.457	.594	.114	.442	.726	1.00							
X_{17}	-.096	.338	.260	.337	-.115	.244	.633	.511	.710	.944	.923	.868	.115	.894	.956	.653	1.00						
X_{18}	.263	-.251	.504	-.051	-.625	-.074	.130	.194	.325	.511	.745	.388	-.416	.503	.661	.351	.751	1.00					
X_{19}	-.336	.417	-.016	.247	-.392	.279	.669	.317	.788	.889	.928	.752	.000	.881	.793	.215	.877	.768	1.00				
X_{20}	-.366	.678	-.017	.575	.137	.523	.892	.618	.910	.984	.829	.912	.445	.939	.847	.418	.910	.471	.848	1.00			
X_{21}	.600	-.206	.697	.314	.553	.069	-.009	.545	-.062	.149	.004	.201	.287	.024	.330	.874	.313	.079	-.170	.181	1.00		
X_{22}	-.624	.822	-.371	.320	.329	.232	.728	.291	.625	.813	.652	.931	.439	.850	.747	.520	.647	.024	.506	.805	.208	1.00	
X_{23}	.285	-.056	.562	.389	-.304	.371	.429	.578	.606	.635	.656	.396	.000	.522	.597	.319	.786	.895	.793	.634	.159	.080	1.00

注：表中小于 1 的数的小数点前省略“0”，如“ -.831”表示“ -0.831”。

表 3-4　方差分解主成分提取表

成分	初始特征值			提取平方和载入		
	合计	方差的贡献率（%）	累计（%）	合计	方差的贡献率（%）	累计（%）
1	11.59	50.389	50.389	11.59	50.389	50.389
2	4.916	21.376	71.765	4.916	21.376	71.765
3	4.244	18.452	90.216	4.244	18.452	90.216
4	2.25	9.784	100	2.25	9.784	100
5	4.57E-16	1.99E-15	100			
6	3.60E-16	1.56E-15	100			
7	3.15E-16	1.37E-15	100			
8	2.92E-16	1.27E-15	100			
9	2.42E-16	1.05E-15	100			
10	1.85E-16	8.06E-16	100			
11	1.57E-16	6.83E-16	100			
12	1.34E-16	5.83E-16	100			
13	8.16E-17	3.55E-16	100			
14	2.65E-17	1.15E-16	100			
15	1.28E-17	5.58E-17	100			
16	-1.47E-16	-6.37E-16	100			
17	-1.82E-16	-7.92E-16	100			
18	-2.17E-16	-9.45E-16	100			
19	-2.65E-16	-1.15E-15	100			
20	-3.37E-16	-1.47E-15	100			

续表 3-4

成分	初始特征值			提取平方和载入		
	合计	方差的贡献率（%）	累计（%）	合计	方差的贡献率（%）	累计（%）
21	-4.14E-16	-1.80E-15	100			
22	-5.32E-16	-2.31E-15	100			
23	-5.79E-16	-2.52E-15	100			

表 3-5 初始因子载荷矩阵

评价指标	成分			
	1	2	3	4
横向裂缝（X_1）	-0.356	-0.222	0.905	-0.066
纵向裂缝（X_2）	0.669	0.524	-0.52	0.09
水平裂缝（X_3）	-0.006	-0.299	0.952	-0.07
滑坡裂缝（X_4）	0.57	0.667	0.404	-0.258
坝体沉陷（X_5）	0.134	0.852	0.337	0.376
坝身渗漏（X_6）	0.514	0.688	0.247	-0.449
坝基渗漏（X_7）	0.885	0.413	-0.123	-0.178
绕坝渗漏（X_8）	0.618	0.425	0.639	-0.174
两岸边坡（X_9）	0.904	0.257	-0.068	-0.336
混凝土结构 Z（X_{10}）	0.986	-0.145	-0.074	0.044
闸门 Z（X_{11}）	0.833	-0.521	-0.182	0.025
启闭控制设施 Z（X_{12}）	0.914	-0.139	-0.197	0.326
消能防冲设施 Z（X_{13}）	0.438	0.877	0.196	0.006
进口段 S（X_{14}）	0.94	-0.2	-0.258	0.101
闸门 S（X_{15}）	0.854	-0.435	0.03	0.285

续表 3-5

评价指标	成分			
	1	2	3	4
启闭控制设施 S（X_{16}）	0. 494	－0. 238	0. 524	0. 651
洞体 S（X_{17}）	0. 916	－0. 363	0. 168	0. 04
出口段 S（X_{18}）	0. 48	－0. 772	0. 267	－0. 322
进口段 Y（X_{19}）	0. 848	－0. 386	－0. 157	－0. 329
闸门 Y（X_{20}）	1	0. 011	－0. 009	－0. 008
启闭控制设施 Y（X_{21}）	0. 192	0. 05	0. 792	0. 577
泄流段 Y（X_{22}）	0. 805	0. 162	－0. 298	0. 488
消能段 Y（X_{23}）	0. 638	－0. 411	0. 429	－0. 489

$$F_1 = -0.105ZX_1 + 0.197ZX_2 - 0.002ZX_3 + 0.167ZX_4 + 0.039ZX_5 + 0.151ZX_6 + 0.26ZX_7 + 0.182ZX_8 + 0.266ZX_9 + 0.29ZX_{10} + 0.245ZX_{11} + 0.268ZX_{12} + 0.129ZX_{13} + 0.276ZX_{14} + 0.251ZX_{15} + 0.145ZX_{16} + 0.269ZX_{17} + 0.141ZX_{18} + 0.249ZX_{19} + 0.294ZX_{20} + 0.056ZX_{21} + 0.236ZX_{22} + 0.187ZX_{23}$$

$$F_2 = -0.1ZX_1 + 0.236ZX_2 - 0.135ZX_3 + 0.301ZX_4 + 0.384ZX_5 + 0.31ZX_6 + 0.186ZX_7 + 0.192ZX_8 + 0.116ZX_9 - 0.065ZX_{10} - 0.235ZX_{11} - 0.063ZX_{12} + 0.396ZX_{13} - 0.09ZX_{14} - 0.196ZX_{15} - 0.107ZX_{16} - 0.164ZX_{17} - 0.348ZX_{18} - 0.174ZX_{19} + 0.005ZX_{20} + 0.023ZX_{21} + 0.073ZX_{22} - 0.185ZX_{23}$$

$$F_3 = +0.439ZX_1 - 0.252ZX_2 + 0.462ZX_3 + 0.196ZX_4 + 0.164ZX_5 - 0.12ZX_6 - 0.06ZX_7 + 0.31ZX_8 - 0.033ZX_9 - 0.036ZX_{10} - 0.088ZX_{11} - 0.096ZX_{12} + 0.095ZX_{13} - 0.125ZX_{14} + 0.015ZX_{15} + 0.254ZX_{16} + 0.082ZX_{17} +$$

$$0.13ZX_{18} - 0.076ZX_{19} - 0.004ZX_{20} + 0.384ZX_{21} - 0.145ZX_{22} + 0.208ZX_{23}$$

$$F_4 = -0.044ZX_1 + 0.06ZX_2 - 0.047ZX_3 - 0.172ZX_4 + 0.251ZX_5 - 0.299ZX_6 - 0.119ZX_7 - 0.116ZX_8 - 0.224ZX_9 + 0.029ZX_{10} + 0.017ZX_{11} + 0.217ZX_{12} + 0.004ZX_{13} + 0.067ZX_{14} + 0.19ZX_{15} + 0.434ZX_{16} + 0.027ZX_{17} - 0.215ZX_{18} - 0.219ZX_{19} - 0.005ZX_{20} + 0.385ZX_{21} + 0.325ZX_{22} - 0.326ZX_{23}$$

式中　ZX_1、ZX_2、…、ZX_{23}——原始变量经标准化得到的值。

（5）以每个主成分对应的特征值占所提取主成分特征值之和的比例作为权重，计算得到主成分综合模型：

$$F = +0.002ZX_1 + 0.109ZX_2 + 0.051ZX_3 + 0.168ZX_4 + 0.157ZX_5 + 0.135ZX_6 + 0.148ZX_7 + 0.178ZX_8 + 0.131ZX_9 + 0.128ZX_{10} + 0.058ZX_{11} + 0.126ZX_{12} + 0.167ZX_{13} + 0.103ZX_{14} + 0.106ZX_{15} + 0.14ZX_{16} + 0.118ZX_{17} + 0.00ZX_{18} + 0.053ZX_{19} + 0.148ZX_{20} + 0.142ZX_{21} + 0.14ZX_{22} + 0.061ZX_{23}$$

从主成分综合模型中可看到，各项指标在主成分综合模型中所起的作用与系数的绝对值大小相对应。从表 3-3 可以看出，坝体破坏的几种形式的指标中滑坡裂缝与坝身渗漏、绕坝渗漏分别具有较强的相关性，其中滑坡是坝体破坏的主要表现形式，因此由专家讨论决定将坝身渗漏指标删除。

泄水闸下级指标中混凝土结构与闸门、启闭控制设施的相关性较强，且闸门指标是体现泄水闸能否发挥其功能的重要指标，应保留。通过主成分综合模型各指标系数的绝对值可以看出，混凝土结构与启闭控制设施二者之间启闭控制设施的系数较小，因此由专家讨论决定将启闭控制设施指标删除。

同样，从表 3-3 中看出隧洞的下级指标中进口段与闸门、洞体分别具有较强的相关性，由主成分综合模型可以看到进口段的系数最小，因此保留闸门与洞体两个指标，删掉进口段指标。

通过主成分综合模型各指标系数绝对值可以比较出第 1 项、第 3 项、第 11 项、第 18 项、第 19 项、第 23 项指标绝对值相对较小，由于横向裂缝（X_1）、水平裂缝（X_3）是体现坝体破坏程度的重要指标，应保留，又由于闸门 Z（X_{11}）应保留，因此最终决定删除坝身渗漏（X_6）、启闭控制设施 Z（X_{12}）、进口段 S（X_{14}）、出口段 S（X_{18}）、进口段 Y（X_{19}）、消能段 Y（X_{23}）6 个指标，剩余 17 个指标基本涵盖了所选定指标的全部信息。筛选后的评价指标体系见表 3-6。

表 3-6　中小型水库震损险情综合评价指标体系

<table>
<tr><th>目标层</th><th>准则层</th><th>一级指标层</th><th>二级指标层</th><th>属性</th></tr>
<tr><td rowspan="14">中小型水库震损险情综合评价</td><td rowspan="7">坝体破坏</td><td rowspan="4">坝体裂缝</td><td>横向裂缝</td><td>定量</td></tr>
<tr><td>纵向裂缝</td><td>定量</td></tr>
<tr><td>水平裂缝</td><td>定量</td></tr>
<tr><td>滑坡裂缝</td><td>定性</td></tr>
<tr><td>坝体沉陷</td><td></td><td>定性</td></tr>
<tr><td rowspan="2">坝体渗漏</td><td>坝基渗漏</td><td>定量</td></tr>
<tr><td>绕坝渗漏</td><td>定量</td></tr>
<tr><td>两岸边坡</td><td></td><td></td><td>定量</td></tr>
<tr><td rowspan="3">泄水闸</td><td>上游连接段混凝土结构</td><td></td><td>定性</td></tr>
<tr><td>闸门</td><td></td><td>定性</td></tr>
<tr><td>消能防冲设施</td><td></td><td>定性</td></tr>
<tr><td rowspan="3">隧洞</td><td rowspan="2">控制段</td><td>闸门</td><td>定性</td></tr>
<tr><td>启闭控制设施</td><td>定性</td></tr>
<tr><td>洞体</td><td></td><td>定性</td></tr>
</table>

续表 3-6

目标层	准则层	一级指标层	二级指标层	属性
中小型水库震损险情综合评价	溢洪道	控制段	闸门	定性
			启闭控制设施	定性
		泄流段		定性
	其他破坏	防浪墙		定性
		管理房		定性
		监测设施		定性
		通信设施		定性
		交通道路		定性

3.3 评价指标分级标准

合理的评价指标分级标准对水库震损险情综合评价至关重要，在制定过程中含有一定的主观成分，划分标准结合“5·12”汶川特大地震造成中小型水库损坏实际情况，邀请专家讨论，经多次研究达成一致，最终确定评价指标分级标准。2005 年，李树枫等制定了土石坝老化病害评价指标分级标准；2010 年，许尚杰等制定了土坝耐久性安全评价指标分级标准；2010 年，倪小荣等制定了水库震损险情综合评价指标体系分级标准。

本书将中小型水库震损险情评价标准分为四个级别，根据《导则》规定病险水库综合评价分级标准为三个等级，即安全可靠、基本安全以及不安全。对震损水库应急修复在时间上要求十分紧迫，果断地将其划分为三个级别不可靠，尤其是基本安全以及不安全两个级别。因此，将中小型水库震损险情综合评价分级标准分为四个级别，即溃坝险情、高危险情、次高危险情、一般险情。为了方便专家根据震损情况对评价指标进行评判打分，将震损水库险情级别定量分级化，如表 3-7 所示。

表 3-7　震损水库综合评定等级表

水库险情等级	一般险情	次高危险情	高危险情	溃坝险情
评判得分范围	[0，2)	[2，5)	[5，8)	[8，10]

本书根据水库险情等级将一级指标评价标准分为四个级别，其中坝体裂缝、坝体渗漏、坝体沉陷、两岸边坡、泄水闸、溢洪道以及隧洞，若在评价过程中被评价为 4 级，则可直接将该水库险情评价为溃坝险情。

3.3.1　坝体裂缝评价标准

坝体裂缝分为横向裂缝、纵向裂缝、水平裂缝、滑坡裂缝，其中横向裂缝、纵向裂缝以及水平裂缝是定量指标，滑坡裂缝是定性指标，以往制定坝体裂缝等级标准只以长 a、宽 b、深 h 作为定性评价裂缝等级的依据，而本书引入坝长 A、坝宽 B、坝高 H，将长度比、宽度比及深度比作为评定横向裂缝、纵向裂缝、水平裂缝等级的标准。而滑坡裂缝根据专家研究讨论得出，指标评价标准分为四个级别，1 级、2 级、3 级、4 级分别代表一般险情、次高危险情、高危险情、溃坝险情，并列入表 3-7 中。

水平裂缝与滑坡裂缝、沉陷裂缝的区别在于水平裂缝大体走向平行于坝轴线，深度垂直向下，多分布于上、下游坝坡。而滑坡裂缝走向不定，一般呈弧形，深度走向大致平行于坝坡走向。沉陷裂缝一般分布于坝体内部，是导致坝体沉陷的重要原因，一般走向垂直于坝体横向发展。因此，坝体水平裂缝单独作为评价指标，其评价标准如表 3-5 所示。

表 3-8 ~ 表 3-10 分别列出坝体横向裂缝、纵向裂缝、水平裂缝的评价标准，其下级指标为长度、宽度、深度。本书规定裂缝长、宽、深中一个指标达到某危险级别，则裂缝即评价为该级别。坝体滑坡裂缝评价标准如表 3-11 所示。

表 3-8 坝体横向裂缝评价标准

级别	长度比 $a' = a/B$	宽度 $b' = b$（cm）	深度比 $h' = h/H$
1 级	$a' < 1/10$	$b' < 0.5$	$h' < 1/10$
2 级	$1/10 \leqslant a' < 2/5$	$0.5 \leqslant b' < 1$	$1/10 \leqslant h' < 1/5$
3 级	$2/5 \leqslant a' < 2/3$	$1 \leqslant b' < 3$	$1/5 \leqslant h' < 1/3$
4 级	$2/3 \leqslant a'$	$3 \leqslant b'$	$1/3 \leqslant h'$

表 3-9 坝体纵向裂缝评价标准

级别	长度比 $a' = a/A$	宽度 $b' = b$（cm）	深度比 $h' = h/H$
1 级	$a' < 1/10$	$b' < 1$	$h' < 1/10$
2 级	$1/10 \leqslant a' < 1/5$	$1 \leqslant b' < 3$	$1/10 \leqslant h' < 1/5$
3 级	$1/5 \leqslant a' < 1/3$	$3 \leqslant b' < 5$	$1/5 \leqslant h' < 1/3$
4 级	$1/3 \leqslant a'$	$5 \leqslant b'$	$1/3 \leqslant h'$

表 3-10 坝体水平裂缝评价标准

级别	长度比 $a' = a/A$	宽度 $b' = b$（cm）	深度比 $h' = h/H$
1 级	$a' < 1/10$	$b' < 1$	$h' < 1/10$
2 级	$1/10 \leqslant a' < 1/5$	$1 \leqslant b' < 3$	$1/10 \leqslant h' < 1/5$
3 级	$1/5 \leqslant a' < 1/3$	$3 \leqslant b' < 5$	$1/5 \leqslant h' < 1/3$
4 级	$1/3 \leqslant a'$	$5 \leqslant b'$	$1/3 \leqslant h'$

表 3-11　坝体滑坡裂缝评价标准

级别	特征描述
1 级	有少量滑坡裂缝产生，宽度 <1 cm，裂缝上下端并未产生错台，无滑坡倾向
2 级	有一定数量裂缝产生，短多长少，宽度≥1 cm，存在滑坡倾向
3 级	裂缝短少长多，宽度较大，有些裂缝已造成一定面积滑坡，并未危及坝体稳定
4 级	裂缝短少长多，宽度较大，已产生大面积滑坡，已危及坝体稳定

3.3.2　坝体沉陷评价标准

坝体沉陷主要表现为坝体坝顶下降或者坝面下陷，在核查区内少数大坝上布置观测系统，地震后观测到坝顶高程出现较大幅度降低，究其原因可能与大坝地震动力压缩、坝基覆盖层震损液化后沉陷、坝体或坝基软弱层变形、观测基点损坏等因素相关。文献［25］提出坝高 100 m 以下的坝，沉陷量达坝高的 2% 不至于影响坝体抗震安全，而中小型水库坝体高度一般在 100 m 以下，因此本书将坝体沉陷量 d 与坝高 H 的比值作为评价坝体沉陷的标准，如表 3-12 所示。

表 3-12　坝体沉陷评价标准

级别	特征描述
1 级	坝体内部有少量的沉陷裂缝产生，裂缝发展缓慢，对坝体安全不产生影响
2 级	坝体内部有一定数量的沉陷裂缝产生，坝顶下降，沉陷量微小，通过肉眼无法判别

续表 3-12

级别	特征描述
3 级	坝体内部有沉陷裂缝产生，并且坝顶下降，$d/H<2\%$，并未影响坝体的稳定性
4 级	坝顶下降 $d/H\geqslant 2\%$，若不进行应急除险，将影响坝体的稳定性

3.3.3 坝体渗漏评价标准

坝体与坝基具有一定的透水性，渗漏现象是不可避免的。渗透变形是引起坝体破坏的重要原因。坝体渗漏多出现在坝体施工碾压接茬处、坝体和基础结合处、坝体与岸坡和刚性建筑物的接触部位等。一般有管涌、流土、接触冲刷、接触流土和接触管涌五种形式。

本书将坝体渗漏列为定量指标，根据其水力坡降（I）评价坝体渗漏程度，其水力坡降（I）小于允许水力坡降（$[I]$）或小于临界水力坡降（I_k）时，不会引起坝体渗透变形；反之，逸出坡降大于临界坡降时，能够引起坝体渗透变形。坝体渗漏评价标准如表 3-13 所示。

表 3-13 坝体渗漏评价标准

级别	特征描述	水力坡降
1 级	渗漏量小且稳定，渗漏量并未增多，没有集中渗漏	$I\leqslant [I]$
2 级	坝体渗漏量稳定不变或渗漏量比较小但测压管水位异常，没有产生渗透变形的趋势	$[I]<I<I_k$
3 级	坝脚出现集中渗漏，渗漏量急剧增加或渗水变浑，渗漏带出现渗透变形；渗漏量突然减少或中断（坝体内部渗漏进一步恶化），渗漏带变形加剧	$I=I_k$
4 级	坝面出现凸起、坍塌或管涌现象，形成渗漏通道，危及坝体安全	$I>I_k$

3.3.4　两岸边坡评价标准

水库两岸边坡一般采用混凝土、块石、膜袋等修砌，用于防止上游水流冲刷两岸边坡土体，导致边坡土体失稳、垮塌。而水库边坡在地震后发生裂缝、坍塌、滑坡等破坏，严重影响边坡的稳定性，对下游人民的生命财产有一定的威胁。本书引入边坡完整度作为评价边坡安全程度的定量因素。所谓边坡完整度，是指水库两岸边坡遭受地震损坏，一定面积已达不到设计要求，其完好边坡面积占两岸边坡总面积的比值根据式（3-2）得出：

$$f = \frac{A_1}{A_0} \times 100\% \tag{3-2}$$

式中　f——边坡完整度（%）；

A_1——目前完好的边坡面积，m^2；

A_0——设计达到的边坡面积，m^2。

由于两岸边坡也是起挡水作用的重要建筑物，仅仅用边坡完整度不能完全体现地震对两岸边坡的破坏程度，因此在定量分析其损坏面积的基础上定性分析边坡损坏对土体稳定性的影响，具体评价标准如表 3-14 所示。

表 3-14　两岸边坡评价标准

级别	特征描述	护坡完整度
1 级	满足设计要求，但局部有裂缝、滑坡产生	$f \geq 90\%$
2 级	边坡表面有一定面积翻起、松动、坍塌、架空等现象，垫层部位边坡土体流失	$60\% \leq f < 90\%$
3 级	边坡表面有大面积翻起、坍塌、架空等现象，垫层土体流失严重，表面土体流失	$50\% \leq f < 60\%$
4 级	边坡表面有大面积翻起、坍塌、架空等现象，表面土体流失严重，边坡有冲垮的倾向	$f < 50\%$

3.3.5 泄水闸评价标准

泄水闸主要由上游段、闸门控制段、下游段组成，上游段一般指两边翼墙、闸墩与闸底板，闸门控制段主要指闸门、闸槽、启闭控制设施，下游段主要指消能防冲设施。结合2012年李达对上海市泄水闸从安全性、适用性和耐久性3个方面进行的安全鉴定，本书从能够体现泄水闸各部位损坏程度的目标出发，选取上游段混凝土结构、闸门以及消能防冲设施作为评价泄水闸安全的下级指标。

目前，通过混凝土强度以及钢筋锈蚀程度来评价混凝土结构的安全性，考虑到地震破坏性强、受灾区域广、时间紧迫等因素，无法对其混凝土强度与钢筋强度进行试验鉴定，因此本书对混凝土结构的评价标准通过专家讨论得出，如表3-15所示。闸门、消能防冲设施的评价标准如表3-16、表3-17所示。

表3-15　混凝土结构评价标准

级别	特征描述
1级	结构有轻微裂缝等破坏或无破坏
2级	混凝土结构有明显破坏
3级	承受结构有强烈破坏
4级	混凝土结构发生强烈破坏，已不能发挥其正常功能

表3-16　闸门评价标准

级别	特征描述
1级	闸门周围结构轻微损坏，能够正常起落，无变形
2级	闸门面板有轻微变形，不影响启闭
3级	少数闸门锈蚀、变形，起落困难，不能满足泄洪的要求
4级	多数闸门变形严重，不能正常启闭，严重影响坝体的稳定性

表 3-17　消能防冲设施评价标准

级别	特征描述
1 级	消能防冲设施无损坏，或有少量裂缝，不影响其正常使用
2 级	有大量裂缝产生，有冲刷破坏倾向
3 级	有大量裂缝、漏筋产生，一定面积已碎裂，影响水流下泄
4 级	消能防冲设施损坏严重，大面积碎裂，不能满足其消能防冲的要求

3.3.6　隧洞评价标准

表 3-6 最终确立的评价指标体系隧洞下级指标有控制段（闸门、启闭控制设施）、洞体两个主要组成部位，其评价标准详见表 3-18 ~ 表 3-20。

表 3-18　闸门评价标准

级别	特征描述
1 级	闸门周围结构轻微损坏，能够正常起落，无变形
2 级	闸门面板有轻微变形，不影响启闭
3 级	少数闸门锈蚀、变形，起落困难，不能满足泄洪的要求
4 级	多数闸门变形严重，不能正常启闭，严重影响坝体的稳定性

表 3-19　启闭控制设施评价标准

级别	特征描述
1 级	钢丝绳或闸门起重链条略有损坏，但能正常使用，不需要大修
2 级	钢丝绳或闸门起重链条有损坏，必须大修或更换，大修后能正常运行

续表 3-19

级别	特征描述
3 级	与闸门连接部分及动力、传力机械损坏严重，需要更换部件方能正常运行
4 级	启闭机械重要部分已严重损坏，无法正常控制闸门

表 3-20　洞体评价标准

级别	特征描述
1 级	无损坏，或有少量裂缝产生，洞内无渗漏，不影响洞体稳定性
2 级	有一定数量的环向裂缝产生，轻微渗漏，不影响洞体稳定性
3 级	有大量环向裂缝产生，纵向裂缝长少短多，渗漏增多，影响洞体稳定性
4 级	有大量环向裂缝产生，纵向裂缝长多短少，渗漏严重，局部有坍塌现象，不能发挥其功能

3.3.7　溢洪道评价标准

溢洪道下级指标同隧洞相似，由控制段（闸门、启闭控制设施）、泄流段组成，其中闸门与启闭控制设施的评价标准和隧洞的闸门与启闭控制设施的评价标准相同。

泄流段是指陡坡段，该指标是影响溢洪道泄洪能力的主要部位，其评价标准可用溢洪道泄洪能力指数综合反映，其公式见式（3-3）：

$$R = \frac{Q_1}{Q_0} \tag{3-3}$$

式中　Q_0——校核水位溢洪道设计泄洪流量，m^3/s；

Q_1——校核水位溢洪道闸室或陡坡段实际泄洪能力，m^3/s。

泄流段评价标准见表 3-21。

表 3-21　泄流段评价标准

级别	特征描述	泄洪能力指数
1 级	泄流陡槽段无损坏，或有少量裂缝产生，不影响其正常使用	$R \geq 0.9$
2 级	有大量裂缝产生，有冲刷破坏倾向	$0.75 \leq R < 0.9$
3 级	有大量裂缝、漏筋产生，一定面积已碎裂，影响水流正常下泄	$0.6 \leq R < 0.75$
4 级	消能防冲设施损坏严重，大面积碎裂，不能满足其消能防冲的要求	$R < 0.6$

3.3.8　其他破坏

水库病险破坏除以上几种主要建筑物破坏外，还存在其他破坏，主要包括坝体防浪墙、水库的管理房、与外部联系的通信设施、监测坝顶沉降量等的监测设施、通往水库的道路设施等破坏，都会对水库的应急除险产生影响。各建筑物的评价标准如表 3-22 ~ 表 3-26 所示。

表 3-22　防浪墙评价标准

级别	特征描述
1 级	无破坏，或有轻微破坏，不影响其稳定性
2 级	裂缝长少短多，不影响其稳定性
3 级	裂缝长多短少，局部表面混凝土脱落，影响其稳定性
4 级	一定面积已坍塌，影响其稳定性，不能正常发挥其功能，需重修

表 3-23 管理房评价标准

级别	特征描述
1 级	无破坏，或有轻微破坏，不影响其稳定性
2 级	裂缝细多粗少，不影响其稳定性
3 级	裂缝细少粗多，局部表面脱落，影响其稳定性
4 级	一定面积已坍塌脱落，失去其功能，需重修

表 3-24 通信设施评价标准

级别	特征描述
1 级	无破坏，或有轻微破坏，不影响其功能
2 级	已经中断，但经过简单处理后，能够使用
3 级	已经中断，多处破坏，经过专业技术人员修理后能够使用
4 级	已经中断，通信设施以及电力设施损坏，大量供电系统中断，需要大修后才能使用

表 3-25 监测设施评价标准

级别	特征描述
1 级	无破坏，或有轻微破坏，精准度轻微下降，不影响其功能
2 级	精准度下降，影响其功能，但经过轻微调整后能够继续使用
3 级	监测设施损坏，经过专业人士修理后能够继续使用
4 级	监测设施损坏，不能发挥其功能，需要重新安置监测设施

表 3-26　交通道路评价标准

级别	特征描述
1 级	无损坏，或有轻微破坏，不影响交通
2 级	局部损坏，不影响交通
3 级	大面积损坏，重型车能够通过
4 级	大面积破坏，局部被周围坍塌的建筑物阻塞，造成道路阻拦，影响技术人员以及机械的进入

第4章 中小型水库震损险情评价指标体系应用

4.1 水库震损险情综合评价方法

水库安全受到众多因素的影响和制约，其中既有定量指标，又有定性指标，定量指标可以通过统计分析、数学计算得到准确的数值，而定性指标很难用一个精确的数字来描述，具有一定的模糊性，如水闸及溢洪道的安全程度等。另外，水库震损险情本身具有一定的模糊性，而中小型水库震损险情综合评价指标体系又具有明确的层次性，对于这种模糊性与层次性较强的问题，可以采用层次模糊综合评价法进行评判。

层次模糊综合评价法是层次分析法与模糊综合评价法的结合，它将评价指标体系分成递阶层次结构，运用层次分析法确定各指标的权重，然后分层次进行模糊综合评价，最后综合得到总的评价结果，在一定程度上摒弃了单一评价法的缺点，同时也具有自己的特点。杜栋（2008）提出对于一些复杂系统，运用模糊综合评价法时需要考虑的因素很多，主要有两个方面：一方面是因素过多，对它们的权数分配难以确定；另一方面，即使确定了权数分配，由于需要归一化条件，每个因素的权值也很小，再经过模糊集合理论算子综合评价，常会出现没有价值的结果。针对这种情况，需要采用多级（层次）模糊综合评价的方法，按照因素或指标的情况，将其分为若干层次，先进行低层次各因素的综合评价，对其评价结果再进行高一层次的综合评价。每一层次的单因素评价都是低一层次的多因素综合评价，如此从低层次向高层次逐层进行。但层次模糊综合评价法仍然具有不足之处，它并不能解决评价指标间相关造成的评价信息重复问题，隶属函数的确定还没有系统的方法。在前面进行指标筛选的时候通过定性的方法，尽量将重复信息进行处理，选取相对独立的指标。对于指标隶属度的确定，采用专家评定方法确定其隶属度。

中小型水库震损险情综合评价指标体系最终选取6个子系统、15个一级指标、10个二级指标。一级指标是子系统的主要破坏现象，二级指标是一级指标的具体表现形式，因此该评价指标体系具有明显的层次性。在运用层次模糊综合评价法对其进行评价时，每个指标影响作用程度各不相同，为了使评价更加合理，需要对每个指标进行赋权。这需运用层次分析法对各层指标计算其权重，再运用模糊综合评价法分层次进行综合评判，具体计算模型见图4-1。

4.2 层次分析法确定指标权重

4.2.1 层次分析法

层次分析法是将决策有关的元素分解成目标、准则、指标等层次并进行定性和定量分析的决策方法。该方法可以在复杂决策问题的本质、影响因素及其内在关系等基础上进行深入分析，具有思路清晰、需要定量数据较少等优点，从而为多目标、多准则或无结构特性的复杂决策问题提供简便的决策方法。水利工程由多个不同功能的建筑物组成，对其进行评价时需要考虑多方面的

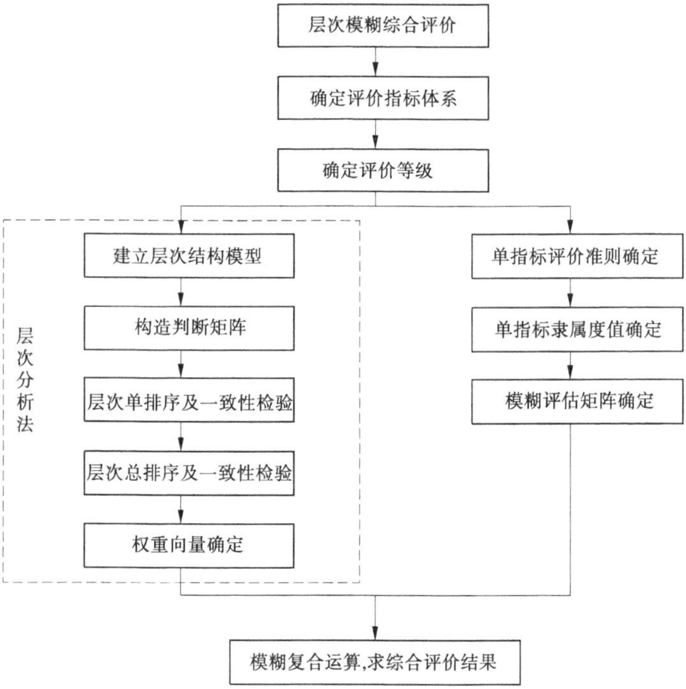

图 4-1　多层次模糊综合评价结构图

内容，属于多目标问题。因此，层次分析法在水利工程建设管理中得到广泛应用。

（1）构建层次结构模型，本研究包括目标层、准则层、指标层。具体层次结构模型见图 4-2。

（2）构建判断矩阵。

构建比较判断矩阵是邀请专家对每一层次中各因素相对重要性给出判断，这些判断根据表 4-1 中判断矩阵标度所代表的数值表示，并写成判断矩阵。判断矩阵表示针对上一层次因素，本层次与之有关因素之间相对重要性的比较。

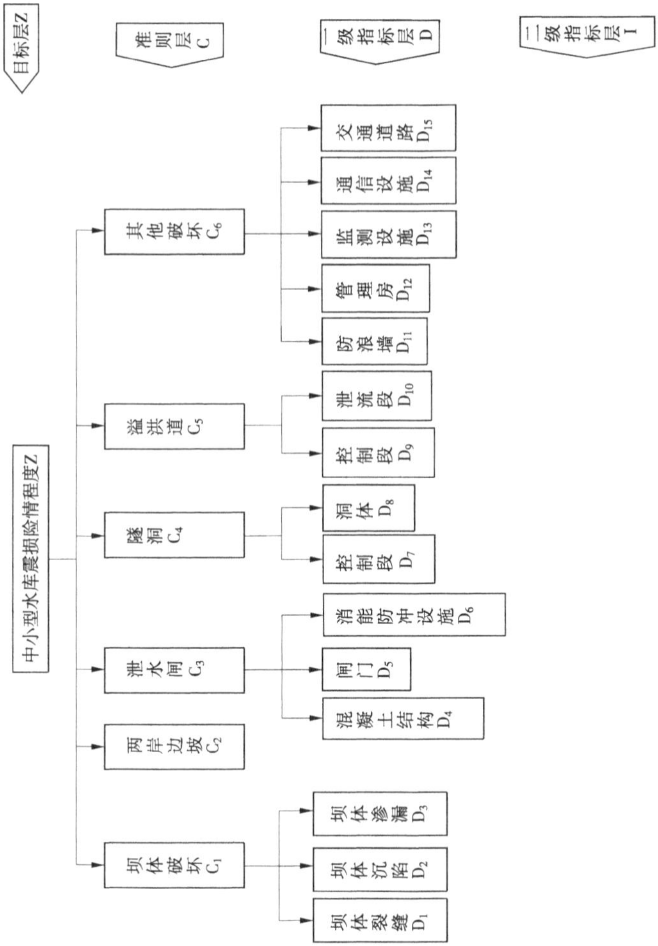

图 4-2　评价指标体系结构图

（3）权重向量计算。

将评价指标体系中各层指标按照表 4-1 中标度取值范围进行两两比较，构造判断矩阵 $\boldsymbol{T}_{n\times n}$，将判断矩阵 $\boldsymbol{T}_{n\times n}$ 中各元素按列作归一化处理，得到矩阵 $\boldsymbol{Q}$，即

$$\boldsymbol{Q} = (q_{ij})_{n\times n} \tag{4-1}$$

将矩阵 $\boldsymbol{Q}$ 的元素按行相加，得到向量 $\boldsymbol{\alpha}$，即

$$\boldsymbol{\alpha} = (\alpha_1, \alpha_2, \cdots, \alpha_n)^{\mathrm{T}} \tag{4-2}$$

对向量 $\boldsymbol{\alpha}$ 作归一化处理，得特征向量 $\boldsymbol{W}$，即各指标权重为

表 4-1 判断矩阵标度及其含义

序号	重要性等级	标度 C_{ij}
1	表示两个因素相比，同等重要	1
2	表示两个因素相比，前者比后者稍微重要	3
3	表示两个因素相比，前者比后者明显重要	5
4	表示两个因素相比，前者比后者强烈重要	7
5	表示两个因素相比，前者比后者极端重要	9
6	表示介于上述相邻判断的中间值	2、4、6、8
7	若指标 x_i 和 x_j 的重要性之比为 a_{ij}，则指标 x_j 和 x_i 的重要性之比为 $1/a_{ij}$	倒数

$$\boldsymbol{W} = (w_1, w_2, \cdots, w_n)^{\mathrm{T}} \tag{4-3}$$

计算最大特征值 λ：

$$\lambda_{\max} = \frac{1}{n}\sum_{i=1}^{n}\frac{(\boldsymbol{TW})_i}{w_i} \tag{4-4}$$

计算随机一致性比率 CR：

$$CI = \frac{\lambda_{\max} - n}{n - 1} \tag{4-5}$$

$$CR = \frac{CI}{RI} < 0.10 \tag{4-6}$$

式中　CI——判断矩阵的一般一致性指标；

RI——平均随机一致性指标，具体取值见表 4-2；

n——判断矩阵阶数。

当 $CR<0.10$ 时，认为判断矩阵具有满意的一致性，否则就需要调整判断矩阵，使之具有满意的一致性。

表 4-2　随机一致性指标 *RI* 取值表

n	1	2	3	4	5	6	7	8	9
RI	0.00	0.00	0.58	0.90	1.12	1.24	1.32	1.41	1.45

4.2.2　中小型水库震损险情评价指标权重计算

根据图 4-2 所示的中小型水库震损险情综合评价指标体系，可以清晰地看到其自上而下逐层支配的关系结构。

构造判断矩阵，计算一致性指标（CI）和一致性比率（CR），见表 4-3 ~ 表 4-11。

4.2.2.1　目标层—准则层判断矩阵

Z—C 判断矩阵如表 4-3 所示。

表 4-3　Z—C 判断矩阵

Z	C_1	C_2	C_3	C_4	C_5	C_6	**W**
C_1	1	3	4	4	4	5	0.411
C_2	1/3	1	2	2	2	5	0.201
C_3	1/4	1/2	1	1	1	4	0.117
C_4	1/4	1/2	1	1	1	4	0.117
C_5	1/4	1/2	1	1	1	4	0.117
C_6	1/5	1/5	1/4	1/4	1/4	1	0.038

$CI=0.037$，$CR=0.030<0.1$，一致性检验通过。

4.2.2.2 准则层——一级指标层判断矩阵

（1）坝体破坏。C_1—D 判断矩阵如表 4-4 所示。

表 4-4 C_1—D 判断矩阵

C_1	D_1	D_2	D_3	**W**
D_1	1	1/2	1	0.25
D_2	2	1	2	0.5
D_3	1	1/2	1	0.25

$CI=0.000$，$CR=0.000<0.1$，一致性检验通过。

（2）泄水闸。C_3—D 判断矩阵如表 4-5 所示。

表 4-5 C_3—D 判断矩阵

C_3	D_4	D_5	D_6	**W**
D_4	1	1/4	2	0.2
D_5	4	1	5	0.683
D_6	1/2	1/5	1	0.117

$CI=0.012$，$CR=0.021<0.1$，一致性检验通过。

（3）隧洞。C_4—D 判断矩阵如表 4-6 所示。

表 4-6 C_4—D 判断矩阵

C_4	D_7	D_8	**W**
D_7	1	0.5	0.333
D_8	2	1	0.667

$CI=0.000$，$CR=0.000<0.1$，一致性检验通过。

（4）溢洪道。C_5—D 判断矩阵如表 4-7 所示。

表 4-7　C_5—D 判断矩阵

C_5	D_9	D_{10}	***W***
D_9	1	2	0. 667
D_{10}	0. 5	1	0. 333

$CI=0.000$，$CR=0.000<0.1$，一致性检验通过。

（5）其他破坏。C_6—D 判断矩阵如表 4-8 所示。

表 4-8　C_6—D 判断矩阵

C_6	D_{11}	D_{12}	D_{13}	D_{14}	D_{15}	***W***
D_{11}	1	2	2	1/2	1/3	0. 164
D_{12}	1/2	1	1/2	1/2	1/3	0. 094
D_{13}	1/2	2	1	1	1/3	0. 143
D_{14}	2	2	1	1	1/2	0. 204
D_{15}	3	3	3	2	1	0. 395

$CI=0.047$，$CR=0.042<0.1$，一致性检验通过。

4. 2. 2. 3　一级指标层—二级指标层判断矩阵

（1）坝体裂缝。D_1—I 判断矩阵如表 4-9 所示。

表 4-9　D_1—I 判断矩阵

D_1	a_1	a_2	a_3	a_4	***W***
a_1	1	1	1	0. 5	0. 2
a_2	1	1	1	0. 5	0. 2
a_3	1	1	1	0. 5	0. 2
a_4	2	2	2	1	0. 4

$CI=0.000$，$CR=0.000<0.1$，一致性检验通过。

（2）坝体渗漏。D_3—I 判断矩阵如表 4-10 所示。

表 4-10　D_3—I 判断矩阵

D_3	a_5	a_6	**W**
a_5	1	1	0.5
a_6	1	1	0.5

$CI=0.000$，$CR=0.000<0.1$，一致性检验通过。

（3）控制段。隧洞的控制段采用表 4-11 权重进行计算。溢洪道的控制段的计算方式同前。

表 4-11　D_7—I 判断矩阵

D_7	a_7	a_8	**W**
a_7	1	2	0.667
a_8	1/2	1	0.333

$CI=0.000$，$CR=0.000<0.1$，一致性检验通过。

4.3　中小型水库震损险情综合评价指标体系应用

4.3.1　层次模糊综合评价

确定评语集，用 $V_k=\{V_1, V_2, \cdots, V_K\}$ 表示。本评估模型所定义的评语集为 $V=$｛一般险情，次高危险情，高危险情，溃坝险情｝，共 4 个级别。

（1）权重指标集，通过专家讨论对评价指标给出相对标度，并计算出相应指标的权重。然后对专家给出的权重值进行加总，求平均，确定各项评估指标的最终权重，用 $\boldsymbol{A}_i=(a_{i1}, a_{i2}, \cdots,$

a_{ij}）表示，本评估模型权重见表 4-12。

表 4-12　综合权重值

准则层 C	准则层权重	一级指标层 D	一级指标层权重	二级指标层 I	二级指标层权重	合成权重
坝体破坏 C_1	0. 411	坝体裂缝 D_1	0. 250	横向裂缝 a_1	0. 200	0. 021
				纵向裂缝 a_2	0. 200	0. 021
				水平裂缝 a_3	0. 200	0. 021
				滑坡裂缝 a_4	0. 400	0. 041
		坝体沉陷 D_2	0. 500			0. 206
		坝体渗漏 D_3	0. 250	坝基渗漏 a_5	0. 500	0. 051
				绕坝渗漏 a_6	0. 500	0. 051
两岸边坡 C_2	0. 201					0. 201
泄水闸 C_3	0. 117	上游连接段混凝土结构 D_4	0. 200			0. 023
		闸门 D_5	0. 683			0. 080
		消能防冲设施 D_6	0. 117			0. 014
隧洞 C_4	0. 117	控制段 D_7	0. 333	闸门 a_7	0. 667	0. 026
				启闭控制设施 a_8	0. 333	0. 013
		洞体 D_8	0. 667			0. 078
溢洪道 C_5	0. 117	控制段 D_9	0. 667	闸门 a_9	0. 667	0. 052
				启闭控制设施 a_{10}	0. 333	0. 026
		泄流段 D_{10}	0. 333			0. 039
其他破坏 C_6	0. 038	防浪墙 D_{11}	0. 164			0. 006
		管理房 D_{12}	0. 094			0. 004
		监测设施 D_{13}	0. 143			0. 005
		通信设施 D_{14}	0. 204			0. 008
		交通道路 D_{15}	0. 395			0. 015

（2）模糊评判矩阵，将中小型水库震损险情评估子因素集 U_i 到评语集 V 看成一个模糊映射，可以确定模糊评判矩阵 $\boldsymbol{R}_i$，即

$$\boldsymbol{R}_i = \{r_{ijk}\} \tag{4-7}$$

式中，$r_{ijk}=d_{ijk}/d$，d_{ijk}为评价子因素集 U_i 中 ij 项评估指标被作出评语集中第 k 种评估 V_k 的专家人数，d 为参加评估的总专家数。

（3）根据 FUZZY 理论，运用模糊矩阵的合成运算，得 U_i 的综合评判向量 $\boldsymbol{B}_i$，即

$$\boldsymbol{B}_i = \boldsymbol{A}\cdot\boldsymbol{R}_i = (b_{i1}, b_{i2}, \cdots, b_{i4}) \tag{4-8}$$

（4）进行二级评判，将每个子因素集 U_i 看作一个因素，用 $\boldsymbol{B}_i$ 作为单因素评判，即得到上级因素集 U 到评语集 V 的一个模糊映射，$\tilde{U}=\{U_1, U_2, \cdots, U_S\}$。

将每个 U_i 作为 U 的一部分，可以按它们的重要性给出权重 $\boldsymbol{A}=(a_1, a_2, \cdots, a_s)$，所以二级综合评判为 $\boldsymbol{B}=\boldsymbol{A}\cdot\boldsymbol{R}=(b_1, b_2, \cdots, b_m)$，对评判结果作归一化处理，按最大隶属度原则得 $\boldsymbol{B}_K=\mathrm{MAX}(b_1, b_2, \cdots, b_m)$，则得出 FUZZY 综合评判为 V_k。对本研究评价指标体系需要进行三级评判，评判方法及原理同二级评判。

4.3.2　四川省白水湖水库震损概况

安县白水湖水库位于四川盆地西北部边缘，龙门山主山脉地质断裂带东侧，属中型水库，距“5·12”特大地震震中地汶川县 70 km。水库处于正常蓄水位时遭受汶川大地震突袭，产生一系列的震损，地震发生后立即加强了对大坝枢纽的监测，主要震损情况如下：

（1）大坝坝体。经检查和观测，安县白水湖水库在“5·12”地震中，水库大坝顶、内坡和右坝肩出现了纵向裂缝 7 条，横向

裂缝8条，裂缝长310 m，裂缝宽1 ~6.5 cm，局部出现隆起或塌陷变形，大量细沙从干砌预制混凝土块缝中溢出，反滤料遭到破坏；护坡及下游排水设施破坏；大坝及坝肩地震后经观察渗漏量有所增加。

（2）大坝上游左右岸岸坡。大坝上游左右岸坡，坡度较陡，局部已震损坍塌。上游坡右岸为风化严重的泥岩，长210 m；上游坡左岸为易风化的泥岩，长110 m，本次大地震造成两岸边坡分段出现大面积的垮塌和裂缝，8、9月几次暴雨后，裂缝和垮塌加剧，直接威胁工程安全。

（3）溢洪道。溢洪道靠近大坝，同时山上有道路及管理设施，局部已震损坍塌裂缝、变形；通过震后对左坝肩的观测，在溢洪道闸室段和泄水明渠段均出现局部渗漏现象。

本次大地震造成溢洪道启闭控制设施破坏，1扇工作闸门严重变形，不能正常运行，无法止水。

（4）输水设施。输水设施包括放水洞及放空洞，此次地震震损较为严重，出现裂缝及坍塌，渗漏量加大，影响运用。放水洞及放空洞各1扇工作闸门在地震中扭曲变形，不能使用。

（5）管理房屋。左坝肩综合楼580 m^2 出现不同程度的变形，其他水库管理房620 m^2 垮塌，水库管理房798 m^2 部分垮塌，已成危房。

经有关鉴定：水库管理房屋1 200 m^2 垮塌，需拆除重建；798 m^2 已成危房，可加固后使用。

4.3.3　四川省白水湖水库震损险情程度模糊综合评价

根据上文所建立的中小型水库震损险情评价指标体系，以白水湖水库震损情况为例对该评价指标体系进行验证。本次研究邀请10位专家对白水湖水库实际震损情况进行分析。

按上述层次模糊评判模型对中小型水库震损险情综合评价指

标体系的一级指标层 D 以及二级指标层 I 中各指标进行评判，得出如下模糊评判矩阵。

4.3.3.1 坝体破坏 C_1

$$\boldsymbol{R}_{D1}=\begin{bmatrix}1/10 & 4/10 & 3/10 & 2/10\\ 0 & 3/10 & 5/10 & 2/10\\ 1/10 & 6/10 & 2/10 & 1/10\\ 0 & 2/10 & 6/10 & 2/10\end{bmatrix}$$

（1）坝体裂缝 D_1。

$$\boldsymbol{D}_1=\boldsymbol{A}_{D1}\cdot\boldsymbol{R}_{D1}=[0.02\quad 0.34\quad 0.44\quad 0.18]$$

（2）坝体沉陷 D_2。

$$\boldsymbol{D}_2=\boldsymbol{R}_{D2}=[0.00\quad 0.30\quad 0.40\quad 0.30]$$

（3）坝体渗漏 D_3。

$$\boldsymbol{R}_{D3}=\begin{bmatrix}0 & 5/10 & 3/10 & 2/10\\ 1/10 & 6/10 & 3/10 & 1/10\end{bmatrix}$$

$$\boldsymbol{D}_3=\boldsymbol{A}_{D3}\cdot\boldsymbol{R}_{D3}=[0.05\quad 0.55\quad 0.30\quad 0.15]$$

作二级评判，得出上级指标坝体破坏指标的模糊判断矩阵：

$$\boldsymbol{R}_{C1}=\begin{bmatrix}\boldsymbol{D}_1\\ \boldsymbol{D}_2\\ \boldsymbol{D}_3\end{bmatrix}=\begin{bmatrix}0.02 & 0.34 & 0.44 & 0.18\\ 0.00 & 0.30 & 0.40 & 0.30\\ 0.05 & 0.55 & 0.30 & 0.15\end{bmatrix}$$

4.3.3.2 隧洞 C_4

（1）控制段 D_7。

$$\boldsymbol{R}_{D7}=\begin{bmatrix}1/10 & 2/10 & 5/10 & 2/10\\ 2/10 & 4/10 & 3/10 & 1/10\end{bmatrix}$$

$$\boldsymbol{D}_7=\boldsymbol{A}_{D7}\cdot\boldsymbol{R}_{D7}=[0.133\quad 0.267\quad 0.433\quad 0.167]$$

（2）洞体 D_8。

$$\boldsymbol{D}_8=\boldsymbol{R}_{D8}=[0.00\quad 0.20\quad 0.50\quad 0.30]$$

作二级评判得出上级指标隧洞的模糊判断矩阵：

$$R_{C4}=\begin{bmatrix}D_7\\D_8\end{bmatrix}=\begin{bmatrix}0.133 & 0.267 & 0.433 & 0.167\\0.00 & 0.20 & 0.50 & 0.30\end{bmatrix}$$

4.3.3.3　溢洪道 C_5

计算方法同隧洞，得出溢洪道的模糊判断矩阵：

$$R_{C5}=\begin{bmatrix}D_9\\D_{10}\end{bmatrix}=\begin{bmatrix}0.033 & 0.333 & 0.500 & 0.133\\0.000 & 0.300 & 0.400 & 0.300\end{bmatrix}$$

4.3.3.4　准则层 C——级指标层 D

模糊判断矩阵如下：

$$R_{C1}=\begin{bmatrix}D_1\\D_2\\D_3\end{bmatrix}=\begin{bmatrix}0.02 & 0.34 & 0.44 & 0.18\\0.00 & 0.30 & 0.40 & 0.30\\0.05 & 0.55 & 0.30 & 0.15\end{bmatrix}$$

$$R_{C2}=\begin{bmatrix}0.00 & 0.30 & 0.50 & 0.20\end{bmatrix}$$

$$R_{C3}=\begin{bmatrix}0.00 & 0.40 & 0.50 & 0.10\\0.00 & 0.50 & 0.30 & 0.20\\0.10 & 0.40 & 0.30 & 0.20\end{bmatrix}$$

$$R_{C4}=\begin{bmatrix}D_7\\D_8\end{bmatrix}=\begin{bmatrix}0.133 & 0.267 & 0.433 & 0.167\\0.00 & 0.20 & 0.50 & 0.30\end{bmatrix}$$

$$R_{C5}=\begin{bmatrix}D_9\\D_{10}\end{bmatrix}=\begin{bmatrix}0.033 & 0.333 & 0.500 & 0.133\\0.000 & 0.300 & 0.400 & 0.300\end{bmatrix}$$

$$R_{C6}=\begin{bmatrix}0.0 & 0.5 & 0.4 & 0.1\\0.0 & 0.2 & 0.5 & 0.3\\0.2 & 0.4 & 0.3 & 0.1\\0.0 & 0.5 & 0.2 & 0.1\\0.0 & 0.4 & 0.3 & 0.3\end{bmatrix}$$

$$C_1 = A_{C1} \cdot R_{C1} = [0.018 \quad 0.373 \quad 0.385 \quad 0.233]$$

$$C_2 = A_{C2} \cdot R_{C2} = [0.000 \quad 0.500 \quad 0.300 \quad 0.200]$$

$$C_3 = A_{C3} \cdot R_{C3} = [0.012 \quad 0.468 \quad 0.340 \quad 0.180]$$

$$C_4 = A_{C4} \cdot R_{C4} = [0.044 \quad 0.222 \quad 0.478 \quad 0.256]$$

$$C_5 = A_{C5} \cdot R_{C5} = [0.022 \quad 0.322 \quad 0.467 \quad 0.189]$$

$$C_6 = A_{C6} \cdot R_{C6} = [0.069 \quad 0.418 \quad 0.315 \quad 0.198]$$

进行三级评判，得出结论：

$$R = \begin{bmatrix} C_1 \\ C_2 \\ C_3 \\ C_4 \\ C_5 \\ C_6 \end{bmatrix} = \begin{bmatrix} 0.018 & 0.300 & 0.458 & 0.238 \\ 0.000 & 0.500 & 0.300 & 0.200 \\ 0.012 & 0.183 & 0.625 & 0.180 \\ 0.044 & 0.244 & 0.456 & 0.256 \\ 0.022 & 0.233 & 0.556 & 0.189 \\ 0.086 & 0.308 & 0.408 & 0.198 \end{bmatrix}$$

$$B = A \cdot R = [0.019 \quad 0.388 \quad 0.381 \quad 0.216]$$

该矩阵具有较好的归一性，因此无需进行归一化处理，可直接按最大隶属度原则得 B = MAX（0.019，0.388，0.381，0.216）=0.388，因此评估结果对评语集中次高危险情隶属度最大，可判断该水库震损险情为次高危险情。该水库震损险情等级当时即被评为次高危险情，因此可以看出该评价指标体系切实可行。

4.3.3.5　水库各部位损坏程度评价

本研究在请专家根据表3-8～表3-26评价标准对各指标损坏情况确定隶属度的同时，对各指标进行打分，打分标准参照表3-7，并将专家对评价指标量化分值 q_i 代入式（4-9），计算各指标综合评分值，即

$$T_i = q_i H_i \tag{4-9}$$

式中　H_i——各指标合成权重；

q_i——指标量化分值，将 10 位专家对白水湖水库险情评价指标损坏程度量化打分进行和平均计算并列入表 4-13 中；

T_i——指标综合评分值，见表 4-14。

表 4-13　指标量化分值 q_i

指标	a_1	a_2	a_3	a_4	D_2	a_5	a_6	C_2	D_4	D_5	D_6
量化分值	4	6	4	5	4	4.5	6	6	4.5	5	4
指标	a_7	a_8	D_8	a_9	a_{10}	D_{10}	D_{11}	D_{12}	D_{13}	D_{14}	D_{15}
量化分值	6	4.5	6	6	5	5.5	4.5	6	5	4	5

表 4-14　指标综合评分值 T_i

指标	a_1	a_2	a_3	a_4	D_2	a_5	a_6	C_2	D_4	D_5	D_6
综合评分	0.082	0.123	0.082	0.206	0.822	0.231	0.308	1.206	0.105	0.400	0.055
指标	a_7	a_8	D_8	a_9	a_{10}	D_{10}	D_{11}	D_{12}	D_{13}	D_{14}	D_{15}
综合评分	0.156	0.058	0.468	0.312	0.130	0.214	0.028	0.021	0.027	0.031	0.075

再根据表 4-15 所给出的指标险情级别区间范围确定各指标损坏程度。

表 4-15　指标险情级别区间范围

指标层	综合值 T	一般险情	次高危险情	高危险情	溃坝险情
横向裂缝 a_1	0.082	[0, 0.041)	[0.041, 0.103)	[0.103, 0.164)	[0.164, 0.206]
纵向裂缝 a_2	0.123	[0, 0.041)	[0.041, 0.103)	[0.103, 0.164)	[0.164, 0.206]
水平裂缝 a_3	0.082	[0, 0.041)	[0.041, 0.103)	[0.103, 0.164)	[0.164, 0.206]
滑坡裂缝 a_4	0.206	[0, 0.082)	[0.082, 0.206)	[0.206, 0.329)	[0.329, 0.411]
坝体沉陷 D_2	0.822	[0, 0.411)	[0.411, 1.028)	[1.028, 1.644)	[1.644, 2.055]
坝基渗漏 a_5	0.231	[0, 0.103)	[0.103, 0.257)	[0.257, 0.411)	[0.411, 0.514]

续表 4-15

指标层	综合值 T	一般险情	次高危险情	高危险情	溃坝险情
绕坝渗漏 a_6	0.308	[0, 0.103)	[0.103, 0.257)	[0.257, 0.411)	[0.411, 0.514]
两岸边坡 C_2	1.206	[0, 0.402)	[0.402, 1.005)	[1.005, 1.608)	[1.608, 2.010]
上游连接段混凝土结构 Z D_4	0.105	[0, 0.047)	[0.047, 0.117)	[0.117, 0.187)	[0.187, 0.234]
闸门 Z D_5	0.400	[0, 0.160)	[0.160, 0.400)	[0.400, 0.639)	[0.639, 0.799]
消能防冲设施 Z D_6	0.055	[0, 0.027)	[0.027, 0.068)	[0.068, 0.110)	[0.110, 0.137]
闸门 S a_7	0.156	[0, 0.052)	[0.052, 0.130)	[0.130, 0.208)	[0.208, 0.260]
启闭控制设施 S a_8	0.058	[0, 0.026)	[0.026, 0.065)	[0.065, 0.104)	[0.104, 0.130]
洞体 S D_8	0.468	[0, 0.156)	[0.156, 0.390)	[0.390, 0.624)	[0.624, 0.780]
闸门 Y a_9	0.312	[0, 0.104)	[0.104, 0.260)	[0.260, 0.416)	[0.416, 0.521]
启闭控制设施 Y a_{10}	0.130	[0, 0.052)	[0.052, 0.130)	[0.130, 0.208)	[0.208, 0.260]
泄流段 Y D_{10}	0.214	[0, 0.078)	[0.078, 0.195)	[0.195, 0.312)	[0.312, 0.390]
防浪墙 D_{11}	0.028	[0, 0.012)	[0.012, 0.031)	[0.031, 0.050)	[0.050, 0.062]
管理房 D_{12}	0.021	[0, 0.007)	[0.007, 0.018)	[0.018, 0.029)	[0.029, 0.036]
监测设施 D_{13}	0.027	[0, 0.011)	[0.011, 0.027)	[0.027, 0.043)	[0.043, 0.054]
通信设施 D_{14}	0.031	[0, 0.016)	[0.016, 0.039)	[0.039, 0.062)	[0.062, 0.078]
交通道路 D_{15}	0.075	[0, 0.030)	[0.030, 0.075)	[0.075, 0.120)	[0.120, 0.150]

4.3.4 评价结果分析

采用层次模糊综合评价法评价四川省白水湖水库震损险情等级得出的结果与该水库当时安全鉴定结论一致，即该水库震损险情为次高危险情。同时，根据式（4-9）计算的各指标险情级别的区间取值范围见表4-15，从表中可以看出各指标都没有达到溃坝险情，但是有 13 个指标达到高危险情，其数量很多，仍然无法判断险情程度。下面将 13 个指标排序，利用式（4-10）计算危险系数 K，K 值越接近于 0，说明该指标越危险。

$$K = \frac{B - T}{B - A} \tag{4-10}$$

式中　K——危险系数，越接近于 0，越危险，计算结果见表 4-16；

A——高危险情取值区间下限值；

B——高危险情取值区间上限值；

T——指标综合得分值。

表 4-16　危险系数 K

破坏部位	综合得分值 T	高危险情		危险系数 K	排序
		A	B		
纵向裂缝 a_2	0.123	0.103	0.164	0.672	3
滑坡裂缝 a_4	0.206	0.206	0.329	1.000	6
绕坝渗漏 a_6	0.308	0.257	0.411	0.669	2
两岸边坡 C_2	1.206	1.005	1.608	0.667	1
闸门 Z D_5	0.4	0.4	0.639	1.000	6
闸门 S a_7	0.156	0.13	0.208	0.667	1
洞体 S D_8	0.468	0.39	0.624	0.667	1
闸门 Y a_9	0.312	0.26	0.416	0.667	1
启闭控制设施 Y a_{10}	0.13	0.13	0.208	1.000	6
泄流段 Y D_{10}	0.214	0.195	0.312	0.838	5
管理房 D_{12}	0.021	0.018	0.029	0.727	4
监测设施 D_{13}	0.027	0.027	0.043	1.000	6
交通道路 D_{15}	0.075	0.075	0.12	1.000	6

由表4-16可知：表中13个指标的危险系数K相差不大，其中两岸边坡、隧洞的闸门、洞体以及溢洪道的闸门最接近高危险情的上限值，其次是坝体纵向裂缝以及绕坝渗漏。由于除险加固施工受多种因素制约，不能按照危险排序进行施工，因此对处于较高险情级别的多个指标进行排序，对除险加固次序的安排仅供参考。

4.3.5　四川省黄水沟水库震损概况

黄水沟水库位于安县沸水镇沸泉村境内，距安县县城43.6 km，大坝地理位置北纬31°32′，东经104°16′。水库总库容100.23万m^3，灌溉面积5 052亩（1亩$=\frac{1}{15}hm^2$），正常蓄水位668.40 m，是一座以灌溉为主，兼有养鱼等综合效益的小（1）型水库工程，枢纽区由主坝、副坝、溢洪道和放水系统构成。

主坝为均质土坝，坝顶长度106.0 m，坝顶宽度6.0 m，坝底最大宽度88.9 m，坝顶高程671.25 m，最大坝高17.6 m；水库处于正常蓄水位时遭受“5·12”汶川大地震突袭，在主坝坝体中产生了一系列的震生裂缝，其中平行于坝轴方向规模最大的纵向主裂缝长达67 m，呈断续状延伸，主裂缝宽度3～12 cm，深度一般0.7～1.6 m，局部深达3 m以上；垂直于坝轴方向较为密集的横裂缝长度一般3～6 m，最长为10～15 m，缝宽1～4 cm；裂缝两侧的坝坡土体已具明显的蠕动变形。主坝坝顶混凝土砌块多处开裂，裂缝长度1.2～1.6 m，缝宽3～8 mm；迎水面干砌块石护坡起伏变形、明显错位；坝前水位标尺裂开3～8 mm。

邻近主坝左岸的水保站管理用房严重受损，基础梁和墙周多处拉裂，缝长1.3～1.8 m，缝宽0.3～1.5 cm。

溢洪道受“5·12”汶川大地震震损破坏较轻微，建议采用加固消力池及溢洪道的侧墙衬砌，对堰底进行抗冲刷的护底处理。

4.3.6　四川省黄水沟水库震损险情程度模糊综合评价

运用层次模糊综合评价法对小（1）型黄水沟水库进行震损险情综合评价，由于黄水沟水库具有主坝与副坝两座挡水坝，因此将中小型水库震损险情综合评价指标体系中坝体破坏分为主坝破坏以及副坝破坏。这样准则层—指标层的权重需重新计算，运用层次分析法计算，略去详细步骤，将各指标权重及合成权重列入表4-17中。

表4-17　综合权重值

准则层C	准则层权重	一级指标层D	一级指标层权重	二级指标层I	二级指标层权重	合成权重
主坝破坏C_1	0.334	坝体裂缝D_1	0.25	横向裂缝a_1	0.2	0.017
				纵向裂缝a_2	0.2	0.017
				水平裂缝a_3	0.2	0.017
				滑坡裂缝a_4	0.4	0.033
		坝体沉陷D_2	0.5			0.167
		坝体渗漏D_3	0.25	坝基渗漏a_5	0.5	0.042
				绕坝渗漏a_6	0.5	0.042
副坝破坏C_2	0.221	坝体裂缝D_4	0.25	横向裂缝a_7	0.2	0.011
				纵向裂缝a_8	0.2	0.011
				水平裂缝a_9	0.2	0.011
				滑坡裂缝a_{10}	0.4	0.022
		坝体沉陷D_5	0.5			0.111
		坝体渗漏D_6	0.25	坝基渗漏a_{11}	0.5	0.028
				绕坝渗漏a_{12}	0.5	0.028

续表 4-17

准则层 C	准则层权重	一级指标层 D	一级指标层权重	二级指标层 I	二级指标层权重	合成权重
两岸边坡 C_3	0. 149					0. 149
泄水闸 C_4	0. 088	混凝土结构 D_7	0. 2			0. 018
		闸门 D_8	0. 683			0. 060
		消能防冲设施 D_9	0. 117			0. 010
隧洞 C_5	0. 088	控制段 D_{10}	0. 333	闸门 a_{13}	0. 667	0. 020
				启闭控制设施 a_{14}	0. 333	0. 010
		洞体 D_{11}	0. 667			0. 059
溢洪道 C_6	0. 088	控制段 D_{12}	0. 667	闸门 a_{15}	0. 667	0. 039
				启闭控制设施 a_{16}	0. 333	0. 020
		泄流段 D_{13}	0. 333			0. 029
其他破坏 C_7	0. 032	防浪墙 D_{14}	0. 164			0. 005
		管理房 D_{15}	0. 094			0. 003
		监测设施 D_{16}	0. 143			0. 005
		通信设施 D_{17}	0. 204			0. 007
		交通道路 D_{18}	0. 395			0. 013

再次邀请10位专家对小（1）型黄水沟水库震损情况进行分析，按上述层次模糊评判模型对图4-3中小型水库震损险情综合评价指标体系一级指标层D以及二级指标层I中各指标进行评判，得出如下模糊评判矩阵：

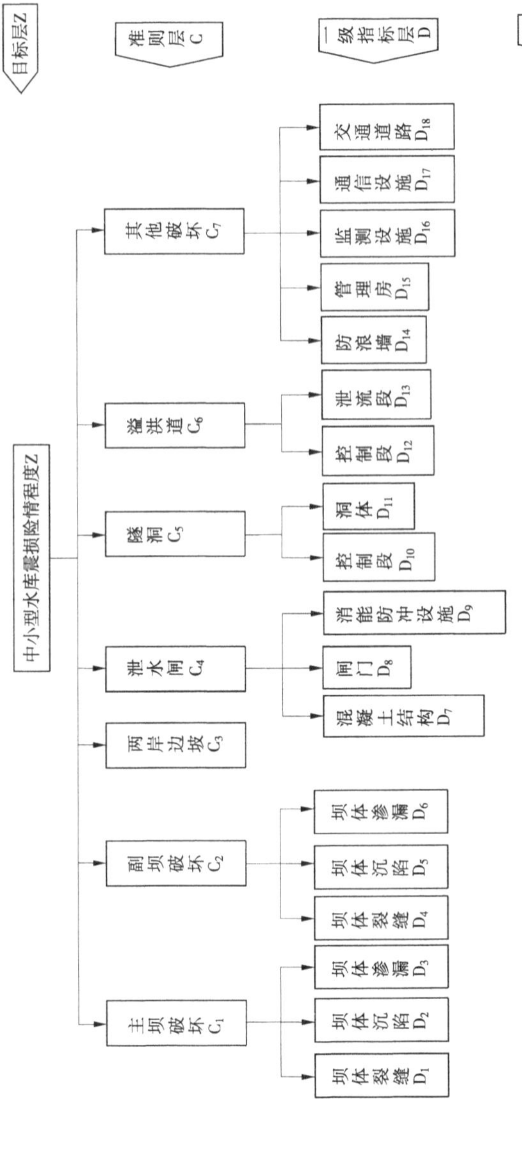

图 4-3　中小型水库震损险情综合评价指标体系结构图

4.3.6.1　主坝破坏 C_1

（1）坝体裂缝 D_1。

$$\boldsymbol{R}_{D1}=\begin{bmatrix}0 & 3/10 & 5/10 & 2/10\\ 0 & 2/10 & 6/10 & 2/10\\ 1/10 & 6/10 & 2/10 & 1/10\\ 0 & 5/10 & 3/10 & 2/10\end{bmatrix}$$

$$\boldsymbol{D}_1=\boldsymbol{A}_{D1}\cdot\boldsymbol{R}_{D1}=[0.02\quad 0.42\quad 0.38\quad 0.18]$$

（2）坝体沉陷 D_2。

$$\boldsymbol{D}_2=\boldsymbol{R}_{D2}=[0.00\quad 0.40\quad 0.30\quad 0.30]$$

（3）坝体渗漏 D_3。

$$\boldsymbol{R}_{D3}=\begin{bmatrix}0 & 3/10 & 5/10 & 2/10\\ 1/10 & 4/10 & 3/10 & 2/10\end{bmatrix}$$

$$\boldsymbol{D}_3=\boldsymbol{A}_{D3}\cdot\boldsymbol{R}_{D3}=[0.05\quad 0.35\quad 0.40\quad 0.20]$$

作二级评判，得出上级指标坝体破坏指标的模糊判断矩阵：

$$\boldsymbol{R}_{C1}=\begin{bmatrix}\boldsymbol{D}_1\\ \boldsymbol{D}_2\\ \boldsymbol{D}_3\end{bmatrix}=\begin{bmatrix}0.02 & 0.42 & 0.38 & 0.18\\ 0.00 & 0.40 & 0.30 & 0.30\\ 0.05 & 0.35 & 0.40 & 0.20\end{bmatrix}$$

4.3.6.2　副坝破坏 C_2

（1）坝体裂缝 D_4。

$$\boldsymbol{R}_{D4}=\begin{bmatrix}0 & 3/10 & 5/10 & 2/10\\ 0 & 4/10 & 5/10 & 1/10\\ 1/10 & 5/10 & 3/10 & 1/10\\ 0 & 5/10 & 3/10 & 2/10\end{bmatrix}$$

$$\boldsymbol{D}_4=\boldsymbol{A}_{D4}\cdot\boldsymbol{R}_{D4}=[0.02\quad 0.44\quad 0.38\quad 0.16]$$

（2）坝体沉陷 D_5。

$$\boldsymbol{D}_5=\boldsymbol{R}_{D5}=[0.00\quad 0.40\quad 0.30\quad 0.30]$$

（3）坝体渗漏 D_6。

$$\boldsymbol{R}_{D6}=\begin{bmatrix}0 & 3/10 & 5/10 & 2/10\\1/10 & 4/10 & 3/10 & 2/10\end{bmatrix}$$

$$\boldsymbol{D}_6=\boldsymbol{A}_{D6}\cdot\boldsymbol{R}_{D6}=[0.05\quad 0.35\quad 0.40\quad 0.20]$$

作二级评判得出上级指标坝体破坏指标的模糊判断矩阵：

$$\boldsymbol{R}_{C2}=\begin{bmatrix}\boldsymbol{D}_4\\\boldsymbol{D}_5\\\boldsymbol{D}_6\end{bmatrix}=\begin{bmatrix}0.02 & 0.44 & 0.38 & 0.16\\0.00 & 0.40 & 0.30 & 0.30\\0.05 & 0.35 & 0.40 & 0.20\end{bmatrix}$$

4.3.6.3　**隧洞** C_5

（1）控制段 D_{10}。

$$\boldsymbol{R}_{D10}=\begin{bmatrix}1/10 & 3/10 & 4/10 & 2/10\\2/10 & 4/10 & 3/10 & 1/10\end{bmatrix}$$

$$\boldsymbol{D}_{10}=\boldsymbol{A}_{D10}\cdot\boldsymbol{R}_{D10}=[0.133\quad 0.333\quad 0.367\quad 0.167]$$

（2）洞体 D_{11}。

$$\boldsymbol{D}_{11}=\boldsymbol{R}_{D11}=[0.00\quad 0.50\quad 0.40\quad 0.10]$$

作二级评判，得上级指标隧洞的模糊判断矩阵：

$$\boldsymbol{R}_{C5}=\begin{bmatrix}\boldsymbol{D}_{10}\\\boldsymbol{D}_{11}\end{bmatrix}=\begin{bmatrix}0.133 & 0.333 & 0.367 & 0.167\\0.00 & 0.50 & 0.40 & 0.10\end{bmatrix}$$

4.3.6.4　**溢洪道** C_6

其计算方法同隧洞，得出溢洪道的模糊判断矩阵：

$$\boldsymbol{R}_{C6}=\begin{bmatrix}\boldsymbol{D}_{12}\\\boldsymbol{D}_{13}\end{bmatrix}=\begin{bmatrix}0.133 & 0.40 & 0.30 & 0.167\\0.00 & 0.50 & 0.40 & 0.10\end{bmatrix}$$

4.3.6.5　**准则层** *C*——**一级指标层** *D*

模糊判断矩阵如下：

$$\boldsymbol{R}_{C1}=\begin{bmatrix}\boldsymbol{D}_1\\\boldsymbol{D}_2\\\boldsymbol{D}_3\end{bmatrix}=\begin{bmatrix}0.02 & 0.42 & 0.38 & 0.18\\0.00 & 0.40 & 0.30 & 0.30\\0.05 & 0.35 & 0.40 & 0.20\end{bmatrix}$$

$$\boldsymbol{R}_{C2}=\begin{bmatrix}\boldsymbol{D}_4\\\boldsymbol{D}_5\\\boldsymbol{D}_6\end{bmatrix}=\begin{bmatrix}0.02 & 0.44 & 0.38 & 0.16\\0.00 & 0.40 & 0.30 & 0.30\\0.05 & 0.35 & 0.40 & 0.20\end{bmatrix}$$

$$\boldsymbol{R}_{C3}=\begin{bmatrix}0.00 & 0.50 & 0.30 & 0.20\end{bmatrix}$$

$$\boldsymbol{R}_{C4}=\begin{bmatrix}0.00 & 0.50 & 0.40 & 0.10\\0.00 & 0.40 & 0.50 & 0.10\\0.10 & 0.40 & 0.30 & 0.20\end{bmatrix}$$

$$\boldsymbol{R}_{C5}=\begin{bmatrix}\boldsymbol{D}_{10}\\\boldsymbol{D}_{11}\end{bmatrix}=\begin{bmatrix}0.133 & 0.333 & 0.367 & 0.167\\0.00 & 0.50 & 0.40 & 0.10\end{bmatrix}$$

$$\boldsymbol{R}_{C6}=\begin{bmatrix}\boldsymbol{D}_{12}\\\boldsymbol{D}_{13}\end{bmatrix}=\begin{bmatrix}0.133 & 0.40 & 0.30 & 0.167\\0.00 & 0.50 & 0.40 & 0.10\end{bmatrix}$$

$$\boldsymbol{R}_{C7}=\begin{bmatrix}0.1 & 0.4 & 0.4 & 0.1\\0.0 & 0.5 & 0.2 & 0.3\\0.2 & 0.3 & 0.4 & 0.1\\0.2 & 0.5 & 0.2 & 0.1\\0.0 & 0.4 & 0.3 & 0.3\end{bmatrix}$$

$$\boldsymbol{C}_1=\boldsymbol{A}_{C1}\cdot\boldsymbol{R}_{C1}=\begin{bmatrix}0.018 & 0.393 & 0.345 & 0.245\end{bmatrix}$$

$$\boldsymbol{C}_2=\boldsymbol{A}_{C2}\cdot\boldsymbol{R}_{C2}=\begin{bmatrix}0.018 & 0.398 & 0.345 & 0.240\end{bmatrix}$$

$$\boldsymbol{C}_3=\boldsymbol{A}_{C3}\cdot\boldsymbol{R}_{C3}=\begin{bmatrix}0.000 & 0.075 & 0.045 & 0.030\end{bmatrix}$$

$$\boldsymbol{C}_4=\boldsymbol{A}_{C4}\cdot\boldsymbol{R}_{C4}=\begin{bmatrix}0.012 & 0.420 & 0.457 & 0.112\end{bmatrix}$$

$$\boldsymbol{C}_5=\boldsymbol{A}_{C5}\cdot\boldsymbol{R}_{C5}=\begin{bmatrix}0.044 & 0.444 & 0.389 & 0.122\end{bmatrix}$$

$$\boldsymbol{C}_6=\boldsymbol{A}_{C6}\cdot\boldsymbol{R}_{C6}=\begin{bmatrix}0.089 & 0.433 & 0.333 & 0.144\end{bmatrix}$$

$$\boldsymbol{C}_7=\boldsymbol{A}_{C7}\cdot\boldsymbol{R}_{C7}=\begin{bmatrix}0.086 & 0.416 & 0.301 & 0.198\end{bmatrix}$$

进行三级评判，得出结论：

$$R=\begin{bmatrix}C_1\\C_2\\C_3\\C_4\\C_5\\C_6\\C_7\end{bmatrix}=\begin{bmatrix}0.018 & 0.393 & 0.345 & 0.245\\0.018 & 0.398 & 0.345 & 0.240\\0.000 & 0.075 & 0.045 & 0.030\\0.012 & 0.420 & 0.457 & 0.112\\0.044 & 0.444 & 0.389 & 0.122\\0.089 & 0.433 & 0.333 & 0.144\\0.086 & 0.416 & 0.301 & 0.198\end{bmatrix}$$

$$B=A\cdot R=[0.025 \quad 0.358 \quad 0.311 \quad 0.179]$$

该矩阵具有较好的归一性，因此无需进行归一化处理，可直接按最大隶属度原则得 B = MAX（0.025，0.358，0.311，0.179）=0.358，因此评估结果对评语集中次高危险情隶属度最大，由此判断该水库震损险情为次高危险情。该水库震损险情等级当时即被评为次高危险情，因此可以看出该评级指标体系切实可行。

4.3.6.6　水库各部位损坏程度评价

运用式（4-9），并根据专家对评价指标量化分值 q_i（见表4-18），计算各指标综合评分值，列入表4-19 中，再根据表4-20 所给出的指标险情级别区间范围确定各指标损坏程度。

表 4-18　指标量化分值 q_i

指标	a_1	a_2	a_3	a_4	D_2	a_5	a_6	a_7	a_8	a_9	a_{10}
量化分值	5	6	4	5.5	4.5	5	4	4.5	5.5	4	5
指标	D_5	a_{11}	a_{12}	C_3	D_7	D_8	D_9	a_{13}	a_{14}	D_{11}	a_{15}
量化分值	5.5	4.5	4	5.5	5	5.5	4.5	5.5	4	5	4
指标	a_{16}	D_{13}	D_{14}	D_{15}	D_{16}	D_{17}	D_{18}				
量化分值	4.5	4	4.5	6	5	4	5				

表 4-19　指标综合评分值 T_i

指标	a_1	a_2	a_3	a_4	D_2	a_5	a_6	a_7	a_8	a_9	a_{10}
综合评分	0.084	0.100	0.067	0.184	0.752	0.209	0.167	0.050	0.061	0.044	0.111
指标	D_5	a_{11}	a_{12}	C_3	D_7	D_8	D_9	a_{13}	a_{14}	D_{11}	a_{15}
综合评分	0.608	0.124	0.111	0.820	0.088	0.331	0.046	0.108	0.039	0.293	0.157
指标	a_{16}	D_{13}	D_{14}	D_{15}	D_{16}	D_{17}	D_{18}				
综合评分	0.088	0.117	0.024	0.018	0.023	0.026	0.063				

表 4-20　指标险情级别区间范围

指标层	综合值 T	一般险情	次高危险情	高危险情	溃坝险情
横向裂缝 a_1	0.084	[0, 0.033)	[0.033, 0.084)	[0.084, 0.134)	[0.134, 0.167]
纵向裂缝 a_2	0.100	[0, 0.033)	[0.033, 0.084)	[0.084, 0.134)	[0.134, 0.167]
水平裂缝 a_3	0.067	[0, 0.033)	[0.033, 0.084)	[0.084, 0.134)	[0.134, 0.167]
滑坡裂缝 a_4	0.184	[0, 0.067)	[0.067, 0.167)	[0.167, 0.267)	[0.267, 0.334]
坝体沉陷 D_2	0.752	[0, 0.334)	[0.334, 0.835)	[0.835, 1.336)	[1.336, 1.670]
坝基渗漏 a_5	0.209	[0, 0.084)	[0.084, 0.209)	[0.209, 0.334)	[0.334, 0.418]
绕坝渗漏 a_6	0.167	[0, 0.084)	[0.084, 0.209)	[0.209, 0.334)	[0.334, 0.418]
横向裂缝 a_7	0.050	[0, 0.022)	[0.022, 0.055)	[0.055, 0.088)	[0.088, 0.111]
纵向裂缝 a_8	0.061	[0, 0.022)	[0.022, 0.055)	[0.055, 0.088)	[0.088, 0.111]
水平裂缝 a_9	0.044	[0, 0.022)	[0.022, 0.055)	[0.055, 0.088)	[0.088, 0.111]
滑坡裂缝 a_{10}	0.111	[0, 0.044)	[0.044, 0.111)	[0.111, 0.177)	[0.177, 0.221]
坝体沉陷 D_5	0.608	[0, 0.221)	[0.221, 0.553)	[0.553, 0.884)	[0.884, 1.105]
坝基渗漏 a_{11}	0.124	[0, 0.055)	[0.055, 0.138)	[0.138, 0.221)	[0.221, 0.276]
绕坝渗漏 a_{12}	0.111	[0, 0.055)	[0.055, 0.138)	[0.138, 0.221)	[0.221, 0.276]
两岸边坡 C_3	0.820	[0, 0.298)	[0.298, 0.745)	[0.745, 1.192)	[1.192, 1.490]

续表 4-20

指标层	综合值 T	一般险情	次高危险情	高危险情	溃坝险情
上游连接段混凝土结构 Z D_7	0.088	[0, 0.035)	[0.035, 0.088)	[0.088, 0.141)	[0.141, 0.176]
闸门 Z D_8	0.331	[0, 0.120)	[0.120, 0.301)	[0.301, 0.481)	[0.481, 0.601]
消能防冲设施 Z D_9	0.046	[0, 0.021)	[0.021, 0.051)	[0.051, 0.082)	[0.082, 0.103]
闸门 S a_{13}	0.108	[0, 0.039)	[0.039, 0.098)	[0.098, 0.156)	[0.156, 0.195]
启闭控制设施 S a_{14}	0.039	[0, 0.020)	[0.020, 0.049)	[0.049, 0.078)	[0.078, 0.098]
洞体 S D_{11}	0.293	[0, 0.117)	[0.117, 0.293)	[0.293, 0.470)	[0.470, 0.587]
闸门 Y a_{15}	0.157	[0, 0.078)	[0.078, 0.196)	[0.196, 0.313)	[0.313, 0.392]
启闭控制设施 Y a_{16}	0.088	[0, 0.039)	[0.039, 0.098)	[0.098, 0.156)	[0.156, 0.195]
泄流段 Y D_{13}	0.117	[0, 0.059)	[0.059, 0.147)	[0.147, 0.234)	[0.234, 0.293]
防浪墙 D_{14}	0.024	[0, 0.010)	[0.010, 0.026)	[0.026, 0.042)	[0.042, 0.052]
管理房 D_{15}	0.018	[0, 0.006)	[0.006, 0.015)	[0.015, 0.024)	[0.024, 0.030]
监测设施 D_{16}	0.023	[0, 0.009)	[0.009, 0.023)	[0.023, 0.037)	[0.037, 0.046]
通信设施 D_{17}	0.026	[0, 0.013)	[0.013, 0.033)	[0.033, 0.052)	[0.052, 0.065]
交通道路 D_{18}	0.063	[0, 0.025)	[0.025, 0.063)	[0.063, 0.101)	[0.101, 0.126]

4.3.7　评价结果分析

根据式（4-9）计算的各指标险情级别的区间取值范围见表 4-20，从表中可以看出各指标都没有达到溃坝险情，但是有 15 个指标达到高危险情，其数量很多，无法判断除险加固的先后次序。下面利用式（4-10）计算危险系数 K，并将 15 个指标排序。

由表 4-21 可知，管理房危险系数最小，其次是主坝的纵向裂缝。由本书附表可知黄水沟水库的管理房严重受损，基础梁和墙周围多处拉裂，有坍塌的趋势，主坝纵向裂缝长度达到主坝总长的 2/3，宽达 12 cm。副坝的纵向裂缝以及隧洞的闸门危险系数较小。水库的两岸边坡以及泄水闸的闸门损坏也较严重，应及时修复，以免险情恶化。

表 4-21　危险系数 *K*

破坏部位	综合得分值 T	高危险情		危险系数 K	排序
		A	B		
横向裂缝 a_1	0. 084	0. 084	0. 134	1. 000	9
纵向裂缝 a_2	0. 100	0. 084	0. 134	0. 680	2
滑坡裂缝 a_4	0. 184	0. 167	0. 267	0. 830	5
坝基渗漏 a_5	0. 209	0. 209	0. 334	1. 000	9
纵向裂缝 a_8	0. 061	0. 055	0. 088	0. 818	3
滑坡裂缝 a_{10}	0. 111	0. 111	0. 177	1. 000	9
坝体沉陷 D_5	0. 608	0. 553	0. 884	0. 834	8
两岸边坡 C_3	0. 820	0. 745	1. 192	0. 832	6
上游连接段混凝土结构 Z D_7	0. 088	0. 088	0. 141	1. 000	9
闸门 Z D_8	0. 331	0. 301	0. 481	0. 833	7
闸门 S a_{13}	0. 108	0. 098	0. 156	0. 828	4
洞体 S D_{11}	0. 293	0. 293	0. 470	1. 000	9

续表 4-21

破坏部位	综合得分值 T	高危险情		危险系数 K	排序
		A	B		
管理房 D_{15}	0. 018	0. 015	0. 024	0. 667	1
监测设施 D_{16}	0. 023	0. 023	0. 037	1. 000	9
交通道路 D_{18}	0. 063	0. 063	0. 101	1. 000	9

第 5 章　结论与建议

5.1　结　论

通过查阅大量国内外相关文献，采用定性与定量相结合的方法构建一套相对直观的、科学的评价指标体系，以四川省白水湖水库（中型）以及黄水沟水库（小型）为例，对其震损险情程度进行评价，得出以下结论：

（1）统计四川省 65 座中小型震损水库破坏情况，分析影响水库震损程度的因素，主要有地震等级、震源深度、地质分布等外部因素和筑坝类型、坝体设计、工程建设以及运行管理等内部因素。

（2）通过对 65 座中小型震损水库破坏情况进行总结与分析，初步建立以水库主要破损部位以及各部位损坏形式为指标的评价指标体系，采用定性与定量相结合的方法对初步建立的评价指标体系进行筛选与优化，最终确定 1 个目标层指标、6 个准则层指标、15 个一级指标、10 个二级指标的中小型震损水库险情综合评价指标体系，其中两岸边坡既是一级指标，又是末级指标，并对末级指标建立评价标准。该评价指标体系包括水库的主要组成部位，对震损水库进行评价能够很直观地看到水库各部位损坏程度。

（3）采用层次模糊综合评价法对四川省白水湖水库（中型）在“5 · 12”汶川地震后的险情程度进行综合评价，结论与实际评价结果一致，属于次高危险情。

(4) 采用同样的评价方法对黄水沟水库（小型）进行震损险情综合评价。由于该水库具有主坝、副坝两座挡水坝，因此在考虑副坝的情况下，将中小型水库震损险情综合评价指标体系应用到该水库中，得到的结论与实际结果一致，属于次高危险情。

(5) 引入线性加权和法将指标权重与专家打分相结合，得出各部位的损坏级别以及哪些部位对水库安全造成的影响较大，应首先进行除险加固。

5.2 建　议

(1) 水库震损险情综合评价涉及多个方面，影响因素众多，本书更多地考虑水库主要组成部位的损坏情况，对地震本身震源深度、水库与震源距离、水库抗震强度、管理情况以及当地地质情况没有考虑。因此，在以后的研究中应综合考虑各方面、各学科，进一步深化震损水库安全的基础理论。

(2) 本书并未对水库失事后果进行评价，建议在今后的水库震损险情综合评价研究中将水库失事对下游人群、社会环境以及资源的影响引入到水库险情级别评定中。

(3) 由于获取资料条件有限，以及大型水库组成部分的复杂性，因此本书并未对大型水库进行研究。希望在以后的研究中能对大型水库震损情况进行深入探讨。

附表　汶川地震灾区受损中小型水库震害特征

序号	水库名称	规模	所在位置	坝型	库容（万 m^3）	坝高（m）	坝长（m）	震损等级	主要震害描述
1	莲花洞水库	中型	彭州市	土石混合坝	1 538	23.5	286.6	高危险情	①坝体坝顶发生沉陷，下沉高度超过 50 cm，坝顶中间有纵向裂缝产生，上游坝坡混凝土预制块大面积挤压隆起，局部向外鼓出，防渗墙上方坝面有较大裂缝产生，宽度约 30 cm，深 60 cm，坝脚有明显滑动；②上游护坡混凝土表面分离，可见土工布有断裂产生；③下游坝坡底部有部分拱起；④溢洪道左侧局部滑坡，堆积物堵塞泄洪通道，排水沟结构部分损坏
2	继光水库	中型	德阳市中江县	钢筋混凝土斜墙干砌石坝	9 820	43.5	262.1	高危险情	①坝体沉降约 30 cm，向下游位移 27 cm；②下游坝坡条石存在纵、横向裂缝，横向裂缝最大缝宽 1 cm；③渗漏量增加，从震前的 29.5 L/s 增大到 37.5 L/s；④防空洞工作闸门出现漏水

续附表

序号	水库名称	规模	所在位置	坝型	库容（万 m^3）	坝高（m）	坝长（m）	震损等级	主要震害描述
3	响滩子水库	中型	德阳市中江县	黏土心墙堆石坝	1 879	42.0	216	高危险情	①坝体发生震陷，垂直位移 8 cm，水平位移 −1.7 cm；②坝顶路面有断续纵向裂缝产生，总长约 220 m，宽 5～30 mm；③下游坝坡产生裂缝，宽达 3 cm；④坝脚左侧产生渗漏，导流洞渗漏量增加；⑤防浪墙局部挤压破坏，出现裂缝
4	黄鹿水库	中型	德阳市中江县	泥岩土心墙石渣坝	2 350	38.7	472	高危险情	①坝顶发生震陷，下陷高度大于 22 cm，上游坝坡混凝土护坡出现大面积滑坡，下游坝坡局部有鼓起现象，混凝土护坡出现局部滑坡；②坝顶路面出现大量裂缝；③防浪墙局部损坏，有拉裂缝产生
5	元兴水库	中型	德阳市中江县	黏土心墙坝	1 252	30.44	172.28	高危险情	①坝体下游混凝土板挤压破坏，下游侧有裂缝产生并有渗水产生；②坝顶防浪墙局部拉裂，裂缝宽度为 1 cm；③溢洪道闸门变形，启闭机损坏，启闭不灵活；④管理房大部分墙体损坏，面积为 2 035 m^2；⑤交通道路被堆积物堵塞，堵塞长度约 30 m

续附表

序号	水库名称	规模	所在位置	坝型	库容（万 m^3）	坝高（m）	坝长（m）	震损等级	主要震害描述
6	双河口水库	中型	自贡市荣县	黏土斜墙石砌坝	2 016	42.00	452	高危险情	①坝体位移，发生沉陷，最大沉陷量约 9.2 cm，水平位移 5 cm；②坝体顶部发生裂缝总长 21 m，宽 0.5～1.0 cm；③渗漏量由震前的 32.8 L/s 增大至 33.96 L/s；④防浪墙及下游条石栏杆局部拱起、震裂，防浪墙裂缝总长 29 m，宽 0.5～1.5 cm；⑤泄水建筑物泄水槽工作闸门启闭机损坏，启闭不灵活；⑥放水隧洞进口段“井”字形排架横梁端部产生环向裂缝，损坏严重
7	文家角水库	中型	广元市苍溪县	黏土心墙坝	1 040	37.70	477	高危险情	①坝体坝基处有渗漏产生，下游边坡块石松动；②放水设施水井壁有裂缝产生，缝宽 1～2 mm，并有渗漏产生，闸门变形，启闭机螺杆弯曲变形、松动，下游放水渠道 500 m 底板、边墙产生裂缝；③溢洪道边墙有水溢出，上部交通桥裂缝 3 条，宽 1～3 mm；④泵房倾斜，不能正常开启闸门蓄水、供水；⑤防浪墙有多处裂缝产生，变电房及变压设备、线路损坏；⑥管理房轻度损坏，有裂缝产生

续附表

序号	水库名称	规模	所在位置	坝型	库容（万 m^3）	坝高（m）	坝长（m）	震损等级	主要震害描述
8	阎家沟水库	中型	广元市苍溪县	黏土心墙坝	1 013	37.80	414	高危险情	①大坝上游坝坡左部有渗水现象，坝体放空隧洞心墙漏水；②引水隧道进口竖井出现裂缝，非贯穿性裂缝，闸门止水破坏，漏水产生，启闭螺杆及支架变形，无法正常启动；③管理房墙体开裂严重，已成危房；④交通道路多处被崩塌堆积物堵塞，影响抢险
9	工农水库	中型	广元市	均质土坝	1 303	29.94	157	高危险情	①坝体顶部发生沉陷，沉降量约 0.1 m；②坝体顶部出现大量裂缝，其中纵向裂缝宽 3 ~5 cm、深 1.56 ~2.73 m，坝体左端出现横向裂缝，长度足以贯穿坝体，缝宽 3 ~5 cm；③引水闸门渗漏量增加，防空洞闸门启闭失灵，有渗漏产生；④溢洪道两侧边墙多处出现裂缝、错位、表面脱落；⑤放水隧洞启闭机横梁有大量裂缝产生，竖井井壁砂浆剥落，有水平裂缝产生，洞体有多处开裂、拱起；⑥管理房及交通道路等设施有不同程度的损坏

续附表

序号	水库名称	规模	所在位置	坝型	库容（万 m^3）	坝高（m）	坝长（m）	震损等级	主要震害描述
10	上游水库	中型	绵阳市	均质土坝	1 176	22. 67	470	高危险情	①坝体顶部发生沉陷，沉降量约3 cm，水平位移向下游约10 cm；②坝体上游坝坡有裂缝产生，集中于坝坡中部，宽约10 mm，局部塌陷；③坝体下游坝坡有多条纵向裂缝产生，最大宽度约10 mm；④坝体廊道有渗漏产生，渗漏量约3. 6 L/m；⑤防浪墙损坏严重，溢洪道进口段底板有裂缝产生，闸门启闭机房震损严重；⑥灌溉涵管有多处裂缝
11	战旗水库	中型	绵阳市江油市	均质土坝	1 255	39. 20	218	高危险情	①坝体顶部发生沉陷，上游混凝土坝坡出现凹凸不平，有裂缝产生，宽3 ~5 cm；②大坝左右坝肩震后渗漏量加大；③房屋严重损毁，已成危房，通信设施损坏，无法对外联络，配电房倒塌，配电设备被毁，水库处于长期停电状态

续附表

序号	水库名称	规模	所在位置	坝型	库容（万 m^3）	坝高（m）	坝长（m）	震损等级	主要震害描述
12	八一水库	中型	江油市八一乡	均质土坝	1 174.68	25.60	123	高危险情	①坝体顶部两端出现横向裂缝，长约 30 m，宽约 0.5 cm；左岸坝肩有渗漏发生，且是浑水；②放水隧洞进口段出现坍塌；③管理房及房屋墙体有纵横裂缝产生，楼顶部分有塌陷，承重墙错位，已成危房；④交通道路损坏及通信设施中断，影响抢险进度
13	白水湖水库	中型	绵阳市安县	均质土坝	1 627	24.40	170	次高危险情	①地震发生后大坝变形明显，最大水平位移向上游方向 29 mm，向下游方向 26 mm；累计最大沉降量 36 mm；②坝顶、内坡和右坝肩出现纵向裂缝 7 条，横向裂缝 8 条，裂缝总长 310 m，缝宽 1 ~ 6.5 cm；③最长的一条裂缝为纵向裂缝，在坝顶平行于坝轴线紧邻防浪墙位置，长 69 m，宽 1 ~ 2 cm；④溢洪道局部已震损坍塌，有裂缝、变形；⑤输水设施出现裂缝及坍塌，渗漏量加大，影响运用

续附表

序号	水库名称	规模	所在位置	坝型	库容（万 m^3）	坝高（m）	坝长（m）	震损等级	主要震害描述
14	五一水库	小（1）型	绵阳市安县	均质土坝	100	23.67	180.00	溃坝险情	①坝顶产生纵向裂缝 3 条，长 81 m，宽 40 ~ 50 cm；②坝顶及上、下游坝坡产生大量横向裂缝，较严重的有 19 条，最长横向主裂缝邻近纵向主裂缝两端，其长度横贯坝顶及上、下游坝坡，深度可达坝顶以下 7 ~ 8 m；③坝顶混凝土块碎裂，变形严重，最大沉陷量为 0.46 m；④上游坝坡局部凹陷变形，邻近坝顶的下游坝坡局部凹陷变形；⑤管理房墙体损坏严重，有些全部倒塌；⑥坝肩渗漏，有 2 ~ 8 cm宽的裂缝，局部断裂，坍塌成碎块，坝后排水设施堵塞；⑦溢洪道出口局部坍塌
15	丰收水库	小（1）型	绵阳市安县	均质土坝	196	15.23	230	溃坝险情	坝体顶部有大量裂缝产生，其中纵向裂缝有 3 条，一条贯穿坝体，宽约 0.5 m，下游坝坡裂缝较多，局部隆起，长 3 ~ 4 m，宽 0.3 ~ 0.5 m，拱起高度约 15 cm

续附表

序号	水库名称	规模	所在位置	坝型	库容（万 m^3）	坝高（m）	坝长（m）	震损等级	主要震害描述
16	狮儿河水库	小（1）型	绵阳市江油市	均质土坝	360	17.40	241	溃坝险情	①坝体顶部出现大量裂缝，其中纵向裂缝长约110 m，宽8~10 cm，深约1 m；②余震造成裂缝增加，其中一条长0.3 m，与主缝相距2 m；③上下游砌石护坡局部变形，下游砌石护坡有裂缝1条，宽1~5 cm，断续分布于坝体中部，长约50 m；④放水隧洞管理房围墙坍塌
17	岐山水库	小（1）型	绵阳市江油市	均质土坝	126	21.00	314	溃坝险情	坝体顶部出现大量裂缝，分布在中部，裂缝长约90 m，宽约21 cm，余震后裂缝增加至6条，最长约122 m，宽约24 cm，深约1.1 m，下游边坡有渗漏发生，上游坝坡有横向裂缝产生，均为贯穿性裂缝，宽约50 mm

续附表

序号	水库名称	规模	所在位置	坝型	库容（万 m^3）	坝高（m）	坝长（m）	震损等级	主要震害描述
18	向家沟水库	小（1）型	绵阳市江油市	黏土斜墙堆石坝	297	45.70	192	溃坝险情	①坝体顶部有大量裂缝产生，其中纵向裂缝长短不一，最大长度约 100 m，宽 2～3 cm；坝体左侧出现横缝及斜缝，均为贯穿性裂缝；坝体上游坝坡大面积坍塌，下陷 0.5 m；②交通道路损坏严重，溢洪道左侧山体有大量下滑裂缝产生
19	胜利水库	小（1）型	绵阳市江油市	均质土坝	580	40.20	205	溃坝险情	①坝体顶部产生纵向裂缝 2 条，长约 100 m，宽约 50 mm，基本连续；②坝体右侧下游坡产生水平裂缝，长约 61 m
20	园门水库	小（1）型	绵竹市江油市	均质土坝	115	18.00	200	溃坝险情	①坝体顶部出现纵向裂缝，长约 100 m，宽 5～10 cm，深约 1.5 m；②坝体顶部出现 4 条横向裂缝，宽约 0.2 m，均为贯穿性裂缝；③上游坝坡左侧一条裂缝长约 50 m，宽 10～20 mm，深约 50 cm；④上游坝坡左侧局部有轻微鼓出，有大面积滑移迹象

续附表

序号	水库名称	规模	所在位置	坝型	库容（万 m^3）	坝高（m）	坝长（m）	震损等级	主要震害描述
21	岐山水库	小（1）型	绵阳市江油市	均质土坝	126	21.00	314	溃坝险情	①坝体顶部出现集中裂缝，其中纵向裂缝 6 条，长约 122 m，宽约 24 cm，深约 1.1 m，横向裂缝 2 处，最大宽度 5 cm，均为贯穿性裂缝；②下游边坡左侧出现渗水现象
22	胜利水库	小（1）型	绵阳市江油市	均质土坝	513	42.20	205	溃坝险情	①坝体顶部有裂缝产生，其中纵向裂缝 2 处，长约 100 m，宽约 5 cm，基本连续；②坝体下游坝坡有水平裂缝产生，长约 61 m；③上游坝坡局部隆起，泄水洞进口段出现裂缝
23	印盒山水库	小（1）型	绵阳市山台县	均质土坝	266	18.00	436.8	溃坝险情	①坝体顶部有下沉现象，最大沉降量有 30 cm，下游坝坡局部隆起，坝体顶部出现裂缝，其中纵向裂缝 6 条，均为贯穿性裂缝，最长达 135 m，宽约 20 cm；②横向裂缝 51 条，宽度较小，未贯穿坝体；③放水设施多处裂缝产生，抽水泵站房墙体出现多处裂缝；④管理房出现多处裂缝

续附表

序号	水库名称	规模	所在位置	坝型	库容（万 m^3）	坝高（m）	坝长（m）	震损等级	主要震害描述
24	金花水库	小（1）型	绵阳市游仙区	均质土坝	393	18.60	240	溃坝险情	①坝体顶部有 2 ~ 3 条裂缝产生，其中纵向裂缝长 50 ~ 100 m，宽 0.5 ~ 5 cm，深度小于 1.8 m；②坝体左侧有横向裂缝产生，宽约 10 cm，深 1.8 m，未贯穿坝坡；③下游坝坡有纵向裂缝 3 条，长约 100 m；④溢洪道有震损、崩塌现象，涵管漏水严重
25	三清观水库	小（1）型	绵阳市梓潼县	均质土坝	107	12.90	186	溃坝险情	①坝体顶部出现大量裂缝，其中纵向裂缝长约 25 m，宽约 6 cm，深约 1.5 m；②坝体顶部有横向裂缝产生，宽约 3 cm，深约 1.2 m；③下游坝坡有水平裂缝产生，长约 58 m；④上游坝坡浆砌石混凝土护坡松动，崩塌；⑤坝体下游坝坡左侧有渗漏产生，放水隧洞出口段有大量裂缝产生

续附表

序号	水库名称	规模	所在位置	坝型	库容（万 m^3）	坝高（m）	坝长（m）	震损等级	主要震害描述
26	东河水库	小（1）型	彭州市	土石混合坝	219	21.20	95	溃坝险情	①坝体顶部有裂缝产生，其中横向裂缝宽约 20 mm，坝体右侧较严重，基本贯穿坝体；②坝体顶部有明显震陷，向下游移动；③上游坝坡局部隆起，混凝土块多处隆起、塌陷；④溢洪道震损较轻，泄槽有部分滑坡，管理房围墙倒塌，部分堆积体堵塞泄槽，影响洪水下泄
27	彭家坝水库	小（1）型	德阳市罗江县	均质土坝	250	14.00	100	溃坝险情	①坝体顶部出现纵向裂缝；②下游渠道边坡鼓起，护坡有大量裂缝产生；③防浪墙坍塌、变形，排水沟变形；④下游渠道边坡鼓起，有裂缝产生，长约 100 m

续附表

序号	水库名称	规模	所在位置	坝型	库容（万 m^3）	坝高（m）	坝长（m）	震损等级	主要震害描述
28	建兴水库	小（1）型	德阳市	均质土坝	155	18.40	91	溃坝险情	①坝体顶部有裂缝产生，其中纵向裂缝长约 50 m，宽约 2 cm；②坝体下游坝基处出现渗漏，且发生严重管涌现象；③溢洪道交通桥拱起变形，溢洪道陡坡下部出现渗漏现象，且是浑水；④放水涵管震裂，出现裂缝及脱离坝体
29	柏林水库	小（1）型	达州市	均质土坝	245	23.75	1 194	溃坝险情	①坝体顶部产生大量裂缝，其中纵向裂缝 13 条，长约 320 m，宽约 0.4 m；②坝体顶部横向裂缝 5 条，长约 18 m，宽 6 cm；③坝体上、下游坝坡大面积产生滑坡；④溢洪道闸门震裂、变形，无法正常启闭

续附表

序号	水库名称	规模	所在位置	坝型	库容（万 m^3）	坝高（m）	坝长（m）	震损等级	主要震害描述
30	白溪水库	小（1）型	绵竹市	均质土坝	102	14.69	165	溃坝险情	①坝体顶部出现大量裂缝，其中纵向裂缝2条，长约105 m，宽约0.3 m；②横向裂缝6条，长约12 m，宽约10 m；③副坝有贯穿坝体的纵向裂缝产生，长约105 m，宽约0.3 m，坝体两端有横向裂缝产生，发生滑坡，滑坡体长约105 m，宽约20 m；④溢洪道右侧边墩、翼墙震裂，放水隧洞洞身震损，开裂严重
31	民乐水库	小（1）型	绵竹市	均质土坝	110	7.30	167	溃坝险情	①坝体顶部出现裂缝，纵向裂缝长约80 m，宽约0.1 m；②右侧副坝出现滑坡体，长约150 m，滑距约1.0 m；③主坝上游坝坡出现滑坡裂缝；④放水隧洞损坏严重，影响洪水下泄
32	太平水库	小（1）型	绵竹市	均质土坝	158.7	23.20	190	溃坝险情	①坝体顶部产生裂缝，其中纵向裂缝长约30 m，宽5～10 cm；②坝脚有横向裂缝产生，宽3～10 cm；③管理房损坏严重，墙体坍塌严重

续附表

序号	水库名称	规模	所在位置	坝型	库容（万 m^3）	坝高（m）	坝长（m）	震损等级	主要震害描述
33	大洋沟水库	小（1）型	广元市苍溪县	心墙石渣坝	978	46.00	247	溃坝险情	①坝体上游坝坡产生水平裂缝，长约 30 m，下游坝坡水平裂缝长 70 m，宽约 8 cm，深 12 cm；②下游坝坡混凝土预制块产生滑坡；③溢洪道局部坍塌，造成排水沟堵塞；④导流洞闸门变形，产生漏水，放水隧洞闸门损坏，上部管理房墙体及窗部损坏严重
34	立志水库	小（1）型	绵阳市安县	均质土坝	150	20.00	114.6	高危险情	①坝体顶部出现纵向裂缝，长达 87 m，属贯穿裂缝，宽 8 ~ 15 cm，深 1 ~ 1.6 m；②坝体两端产生横向裂缝，长 3 ~ 5 m，宽 1 ~ 3 cm；③防浪墙多处断裂、坍塌，放水竖井浆砌石条块拉裂、变形，影响正常运用；④溢洪道消力池侧墙损坏、坍塌
35	伍家碑水库	小（1）型	绵阳市安县	均质土坝	168.4	19.37	236	高危险情	①坝体顶部出现大量裂缝，其中 4 条纵向裂缝，长约 40 m，6 条横向裂缝；②上、下游坝坡局部护坡产生裂缝，有渗漏现象；③放水竖井闸门变形，启闭困难

续附表

序号	水库名称	规模	所在位置	坝型	库容（万 m^3）	坝高（m）	坝长（m）	震损等级	主要震害描述
36	困牛山水库	小（1）型	绵竹市	均质土坝	221.5	33.00	441	高危险情	①纵缝5条，长约150 m，宽度最大20 cm；②滑坡坝体长约30 m，滑坡高度约为5 m；③防浪墙震损严重
37	曹家水库	小（1）型	绵阳市安县	均质土坝	138	16.56	192.6	次高危险情	①坝体顶部出现大量裂缝，其中横向裂缝最长12～15 m，宽1～4 cm；②纵向裂缝长133 m，贯穿坝体，宽约12 cm，深最大值达3 m；③上、下游坝坡土体出现蠕动现象，多处混凝土砌块开裂、坍塌
38	黄水沟水库	小（1）型	绵阳市安县	均质土坝	100.23	17.60	106	次高危险情	①坝体顶部出现大量裂缝，其中纵向裂缝长达67 m，基本连续，宽3～12 cm，深0.7～1.6 m；②横向裂缝长6～15 m，宽1～4 cm；③坝坡出现滑动变形，混凝土砌块出现多处开裂，长1.2～1.6 m，宽0.3～0.8 cm；④上游坝坡起伏变形，错位明显；⑤管理房严重受损，墙体及基础梁出现多处断裂

续附表

序号	水库名称	规模	所在位置	坝型	库容（万 m^3）	坝高（m）	坝长（m）	震损等级	主要震害描述
39	双石桥水库	小（2）型	绵阳市安县	均质土坝	27	11.00	230	溃坝险情	①坝体顶部出现裂缝，其中纵向裂缝长约 110 m，宽 8～10 cm，深约 1 m；②下游护坡有水平裂缝产生，宽 1～5 cm，长约 50 m；③上、下游护坡部分变形，局部有下滑倾向；④管理房墙体震裂、坍塌，无法正常使用
40	观音堂水库	小（2）型	绵阳市江油市	均质土坝	25	9	148	溃坝险情	①坝体顶部震陷，沉降量约 30 cm；②上游坝坡有水平裂缝产生，宽 10～40 cm，长约 70 m，深约 3 m，贯穿坝体；③上游护坡有大面积滑坡产生
41	吴家大堰水库	小（2）型	绵阳市江油市	均质土坝	10.92	8. 00	120.00	溃坝险情	①主坝、副坝顶部出现多条裂缝，主坝坝体顶部裂缝长约 85 m，为贯穿性裂缝，宽约 4 cm，深 1 m；②副坝坝顶纵向裂缝长约 60 m，宽 3 cm；③主坝上、下游坝坡发生大量横向裂缝，宽度约 2 cm，深度超过 50 cm；④主坝下游坝坡有滑坡产生，滑坡体最大宽度 10 m

续附表

序号	水库名称	规模	所在位置	坝型	库容（万 m^3）	坝高（m）	坝长（m）	震损等级	主要震害描述
42	马凤庵水库	小（2）型	绵阳市江油市	均质土坝	48.1	13.1	152	溃坝险情	①坝体顶部出现大量纵向裂缝，长约 100 m，宽约 30 cm，深约 1.5 m；②坝体上游坝坡有大面积滑坡产生
43	合作水库	小（2）型	绵阳市江油市	均质土坝	12	20	120	溃坝险情	①坝体顶部出现多条裂缝，其中纵向裂缝 3 条，长约 81 m，宽约 16 cm，深约 2 m，为贯穿性裂缝；②上下游坝坡出现水平裂缝，其中上游坝坡水平裂缝约 2 条，长 30～40 m，宽 0.5～3 cm，深 0.5 m，下游坝坡水平裂缝 3～4 条，长 10～45 m，宽 4～5 cm，深约 0.5 m；③下游坝坡排水棱体处有轻微隆起现象；④放水涵管有渗漏现象
44	六角堰水库	小（2）型	绵阳市江油市	均质土坝	14.8	6.4	80	溃坝险情	①坝体上游坝坡下滑 0.3 m，有 3 条水平裂缝产生，宽 0.5～3 cm，深 0.5 m，属贯穿性裂缝；②坝体顶部纵向裂缝长约 80 m，宽 3～20 cm，属贯穿性裂缝；③下游坝坡局部隆起，有大量裂缝产生；④上游浆砌石坝坡破损严重，有滑坡迹象，排水体普遍存在渗水现象

续附表

序号	水库名称	规模	所在位置	坝型	库容（万 m^3）	坝高（m）	坝长（m）	震损等级	主要震害描述
45	幸福水库	小（2）型	绵阳市江油市	均质土坝	15	14	101	溃坝险情	①坝体顶部两端出现两处主裂缝，总长 8 ~ 10 m，宽 1 ~ 3 cm；②坝顶左右出现纵向裂缝，长 40 ~ 50 m，宽 3 ~ 5 cm；③上游边坡有滑坡迹象
46	许家桥水库	小（2）型	绵阳市江油市	均质土坝	57	12.6	55	溃坝险情	①坝体顶部出现大量裂缝，其中纵向裂缝长 128 m，宽 10 cm，深 1.2 m；②坝体右侧缝长 190 m，宽 5 ~ 50 mm；③地表缝稍小，可见深度 0.4 m
47	老土地水库	小（2）型	绵阳市江油市	均质土坝	21	18.5	170	溃坝险情	①坝体顶部及上游坝坡局部有沉降变形产生，未发现滑坡；②坝体顶部出现多处裂缝，其中纵向裂缝长约 100 m，宽约 10 cm，深约 2 m；③右侧坝肩有横向裂缝产生，深度 1.5 m，上、下游坝坡出现龟裂形状，有宽约 2 cm、长 2 m 以下的裂缝

续附表

序号	水库名称	规模	所在位置	坝型	库容（万 m^3）	坝高（m）	坝长（m）	震损等级	主要震害描述
48	新埝河水库	小（2）型	绵阳市江油市	均质土坝	95	14.8	100	溃坝险情	①坝体顶部出现多条裂缝，其中部分水平裂缝位于新老坝体结合处，长约 51 m，宽 8 cm；②上游坝坡局部凸起，有下滑趋势
49	洞子沟水库	小（2）型	绵阳市江油市	均质土坝	40	18	182	溃坝险情	①坝体顶部出现大量裂缝，其中纵向裂缝 2 条，长分别为 67 m、49 m，宽约 10 cm，深约 2 m、1.8 m；②下游坝坡与溢洪道结合处有渗漏产生；③溢洪道浆砌石、交通桥受损严重
50	韦家沟水库	小（2）型	绵阳市安县	均质土坝	10	12.5	94.5	溃坝险情	①产生多处纵向裂缝，其中坝顶 2 条，最长约 20 m，宽约 150 mm，深约 1.5 m，上游坝坡 1 条，长约 90 m，宽约 30 mm，深约 2 m；②出现渗漏现象；③溢洪道堵塞严重，无衬砌；④放水设施老化

续附表

序号	水库名称	规模	所在位置	坝型	库容（万 m^3）	坝高（m）	坝长（m）	震损等级	主要震害描述
51	大松树水库	小（2）型	绵阳市安县	均质土坝	22.5	5.76	130	溃坝险情	①产生多处纵向裂缝，均呈锯齿状，特征显示为张性，伴有塌陷变形；②上游坝坡浪蚀严重，坝后存在渗漏现象；③放水设施老化，有漏水现象
52	蒋家祠水库	小（2）型	绵阳市安县	均质土坝	10	6.3	86	溃坝险情	①产生多处纵向裂缝，其中坝顶 1 条，长约 50 m，宽约 150 mm，上游坝坡 2 条，长约 30 m，宽 100 mm，下游坝坡 4 条，长约 30 m，宽 100～150 mm；②产生横向裂缝，左坝肩裂缝间距 1～1.5 m，宽 1.0～2.0 mm，右坝肩裂缝间距 1.5～2.0 m，宽 10～20 mm；③上游坝坡浪蚀严重，坝后存在渗漏现象；④放水设施老化，有漏水现象

续附表

序号	水库名称	规模	所在位置	坝型	库容（万 m^3）	坝高（m）	坝长（m）	震损等级	主要震害描述
53	双卧龙水库	小（2）型	绵竹市德阳市	均质土坝	20.35	11.5		溃坝险情	①产生纵向裂缝，最大长度 117 m，最大宽度 90 mm；②产生横向裂缝，最大长度 17 m，最大宽度 400 mm；③坝体发生渗漏
54	上风波塘水库	小（2）型	绵竹市东北镇	均质土坝	11.6	5.44	380	溃坝险情	①产生纵向裂缝，最大长度 50 m，最大宽度 60 mm；②产生横向裂缝，最大长度 6 m，最大宽度 40 mm；③坝体发生渗漏；④发生滑坡，滑坡体长约 24 m，水平投影宽 2～3 m
55	下风波塘水库	小（2）型	绵竹市东北镇	均质土坝	11.4	6.1	395	溃坝险情	①产生纵向裂缝 1 条，长 80 m，宽 30 mm；②产生横向裂缝，最大长度 9 m，最大宽度 20 mm；③坝体发生渗漏

续附表

序号	水库名称	规模	所在位置	坝型	库容（万 m^3）	坝高（m）	坝长（m）	震损等级	主要震害描述
56	九岭院水库	小（2）型	绵阳市江油市	均质土坝	18.83	14		溃坝险情	①产生纵向裂缝，最大长度 39 m，最大宽度 120 mm；②产生横向裂缝，最大长度 11 m，最大宽度 70 mm；③坝体有渗漏产生；④坝体发生滑坡，滑坡体最大高差达 200 mm，滑坡体长约 12 m，水平投影宽 2～3 m，小滑坡体长一般为 12～14 m，水平投影宽约 3 m
57	陈家湾水库	小（2）型	绵竹市	均质土坝	45.7	19		溃坝险情	①产生纵向裂缝，最大长度 180 m，最大宽度 150 mm；②产生横向裂缝，最大长度 25 m，最大宽度 200 mm；③发生多处滑坡；④溢洪道震塌严重
58	小柏林水库	小（2）型	绵竹市德阳市	均质土坝	14.2	15		溃坝险情	①产生纵向裂缝，最大长度 45 m，最大宽度 80 mm；②产生横向裂缝，最大长度 19 m，最大宽度 100 mm；③坝体发生渗漏；④溢洪闸震裂

续附表

序号	水库名称	规模	所在位置	坝型	库容(万 m^3)	坝高(m)	坝长(m)	震损等级	主要震害描述
59	马尾河水库	小(2)型	绵竹市汉旺镇	均质土坝	49.5	13		溃坝险情	①产生纵向裂缝，最大长度 46 m，最大宽度 100 mm；②产生横向裂缝，最大长度 12 m，最大宽度 50 mm；③坝体发生滑坡，滑坡体长约 46 m，水平投影宽约 12 m
60	朱家桥水库	小(2)型	绵阳市安县	均质土坝	37	8.8	114	高危险情	①产生纵向裂缝，长约 100 m，宽约 50 mm；②水库管理房震损严重；③坝体单薄，内外坝坡较陡，前坝浪蚀严重，坝后无排水设施；④溢洪道堵塞严重；⑤发生严重漏水
61	高峰水库	小(2)型	绵阳市安县	均质土坝	32	10.2	37.5	高危险情	①产生多处纵向裂缝，其中坝顶 1 条，长约 25 m，宽 20～60 mm，上游坝坡 2 条，长约 10 m，宽 50～100 mm，下游坝体 1 条，长约 5 m，宽 50～100 mm；②产生横向裂缝，其中右坝肩有 3 条贯穿性横向裂缝，宽约 40 mm；③发生渗漏，坝体单薄，内外坡较陡，左侧坝体与坝肩中部渗漏严重，坝后无排水设施，溢洪道淤塞严重，未衬砌，涵卧管有漏水现象

续附表

序号	水库名称	规模	所在位置	坝型	库容（万 m^3）	坝高（m）	坝长（m）	震损等级	主要震害描述
62	余家沟水库	小（2）型	绵阳市安县	均质土坝	80	9.5	126	高危险情	①坝顶沉陷，且产生纵向裂缝，长约 150 m，宽 100 mm；②溢洪道严重淤积；③外坝坡下部右坝肩及坝体中部发生渗漏
63	吊脚楼水库	小（2）型	绵阳市安县	均质土坝	30	7.85	146	高危险情	①产生 6 条横向裂缝；②上、下游坝坡局部坍塌，向外拱起；③溢洪道堵塞严重；④上、下游坝坡较陡，坝下排水棱体及坝基均发生渗漏
64	红星水库	小（2）型	绵阳市安县	均质土坝	20	15.2	71	高危险情	①产生纵向裂缝，长 70 m，宽 50 mm；②左坝肩产生横向裂缝，且有外滑坡迹象；③溢洪道发生垮塌堵塞；④上、下游坝坡较陡，坝下部发生严重渗漏

参考文献

[1] 曹永强，张伟娜，马静，等．模糊层次分析法对水库补偿措施重要度研究［J］．水电能源科学，2011（5）：103-105.
[2] 陈衍泰，陈国宏，李美娟．综合评价方法分类及研究进展［J］．管理科学学报，2004（2）：69-72.
[3] 杜栋，庞庆华，吴炎．现代综合评价方法与案例精选［M］．2版．北京：清华大学出版社，2008：1-60，140-155.
[4] 范群芳，董增川，杜芙蓉．层次分析法在初次水权第二层次配置中的应用［J］．水电能源科学，2008（2）：28.
[5] 樊广利，刘双美．某在建水库大坝的震后安全评价分析［J］．水电站设计，2009（3）：19-22.
[6] 宫凌杰．辽宁水利抗震救灾抢险队赴四川抢险救灾施工综述［J］．水利建设与管理，2008（11）：47-48.
[7] 何金平，李珍照．大坝结构实测性态综合评价指标体系研究［J］．大坝观测与土工测试，2000（6）：36-41.
[8] 季根蔡．基于层次分析法的水库大坝安全鉴定的综合评价［J］．红水河，2007（1）：133-145.
[9] 景立平，陈国兴，李永强，等．汶川8.0级地震水坝震害调查［J］．地震工程与工程振动，2009（1）：14-23.
[10] 李树枫．土石坝老化病害评价指标体系及对策研究［D］．北京：中国农业大学，2005：9-24.
[11] 柳景华，杨火平．震损水库险情判别标准及方法的初步探讨［J］．人民长江，2008（22）：21-22.
[12] 李树枫，万林梅，魏代现．土石坝老化病害评价的量化分

析法 [J]. 山东农业大学学报：自然科学版，2004 (4).
[13] 李雷，王仁钟，盛金保. 溃坝后果严重程度评价模型研究 [J]. 安全与环境学报，2006 (1)：1-3.
[14] 李文盛，何义恒. 层次分析法在黄土坡滑坡危险性评价中的应用 [J]. 长江大学学报：自然科学版理工卷，2008 (3)：91-94.
[15] 李茂华，朱爱林. 水库震害险情与震损特点分析 [J]. 人民长江，2008：19-20.
[16] 刘志明. 四川震损水库的特点及震害处理 [J]. 中国水利，2008：9-12.
[17] 隆文非，王珊，赵凌云. 四川省"5·12"特大地震震损水库险情分析 [J]. 中国防汛抗旱，2009 (2)：25-27.
[18] 李红军. 高土石坝地震变形分析与抗震安全评价 [D]. 大连：大连理工大学，2008.
[19] 周克发，袁辉. 基于病害指数的大坝溃决可能性评价研究 [J]. 长江科学院院报，2011 (2)：10-14.
[20] 张计. 土石坝安全与除险加固效果量化评价体系研究 [D]. 武汉：长江科学院，2011.
[21] 李新蕊. 主成分分析、因子分析、聚类分析的比较与应用 [J]. 山东教育学院学报，2007 (6)：23-26.
[22] 李玉珍，王宜怀. 主成分分析及算法 [J]. 苏州大学学报：自然科学版，2005 (1)：32-36.
[23] 李靖华，郭耀煌. 主成分分析用于多指标评价的方法研究 [J]. 管理工程学报，2002 (1)：39-42.
[24] 李达，王春树，杜晓舜，等. 多指标综合评价方法在上海市水闸安全鉴定中的应用 [J]. 水电能源科学，2012 (7)：109-111.
[25] 李俊，夏斌. 层次分析法、模糊综合评价法联用的会计师

事务所综合评价［J］. 财会月刊，2010（11）：80-81.
［26］李鹏，余国燕. 多指标综合评价方法研究综述［J］. 机电产品开挖与创新，2009（4）.
［27］李博. 多指标综合评价方法应用中存在的问题与对策［J］. 沈阳工程学院学报：社会科学版，2010（3）：349-351.
［28］李金亮，丁学龙. 模糊综合评价在建筑施工现场的应用［J］. 施工技术，2008（6）：472-474.
［29］倪小荣，王士军，谷艳昌. 基于关键指标的水库大坝震损程度综合评价体系［J］. 水利水运工程学报，2010（4）：27-31.
［30］孙少楠，张先起，田林钢. "5·12"地震中小型水库震损机理分析研究［J］. 人民长江，2009（7）：58-61.
［31］孙艳芳. 基于主成分分析的我国渔业产业安全评价及产业保护研究［D］. 北京：中国海洋大学，2010：36-39.
［32］孙玮玮，李雷. 基于模糊数学理论的大坝风险后果综合评价［J］. 水利水运工程学报，2010（4）：16-19.
［33］沈时兴，刘航，金菊良，等. 基于模糊层次分析法的中国水能开挖利用潜力评价［J］. 水电能源科学，2010（12）：151-153.
［34］苏为华. 多指标综合评价理论与方法问题研究［D］. 厦门：厦门大学，2000.
［35］童其慧. 主成分分析方法在指标综合评价中的应用［J］. 北京理工大学学报：社会科学版，2002（1）：59-61.
［36］吴焕新. 病险水库除险加固治理效果综合评价体系研究［D］. 济南：山东大学，2009：12-38，43-56.
［37］王焯. 基于模糊理论的尾矿坝安全现状综合评价［D］. 济南：山东科技大学，2010：8-51.
［38］王华，张新华. 四川省震损水库情况和灾后恢复重建对策

[J]. 人民长江, 2008 (22): 14-16.
[39] 王树山, 林聪俐, 李千. 四川安县土坝震损特征与浸润线对抗震能力影响的分析 [J]. 东北水利水电, 2009 (7): 29-30.
[40] 王林威. 沈阳市水生态环境安全评价指标体系研究 [D]. 沈阳: 沈阳农业大学, 2012.
[41] 王华, 刘兴年, 黄尔, 等. 汶川地震震损水库应急抢险与恢复重建措施 [J]. 四川大学学报: 工程科学版, 2009 (3): 56-61.
[42] 王志涛, 江超, 姜晓琳, 等. 基于模糊理论的土石坝风险综合评价方法研究 [J]. 水利与建筑工程学报, 2011 (2): 27-30.
[43] 王利民. 混凝土坝坝体裂缝浅析 [J]. 海河水利, 2002 (5): 43.
[44] 王靖, 张金锁. 综合评价中确定权重向量的几种方法比较 [J]. 河北工业大学学报, 2001 (2): 52-56.
[45] 许尚杰. 土坝的耐久性与安全评价方法研究 [D]. 西安: 西安理工大学, 2010: 27-32, 43-67.
[46] 俞树荣, 杨慧来, 李淑欣. 基于模糊层次分析法的长输管道风险分析 [J]. 兰州理工大学学报, 2009 (2): 58-61.
[47] 闫宝宏. 土石坝裂缝的成因分析及处理措施 [J]. 建筑工程, 2008 (4): 152.
[48] 游离. 大型灌区运行状况综合评价指标体系与评价方法研究——以汾河灌区为例 [D]. 西安: 西安理工大学, 2010.
[49] 张慧, 杨建斌. 水利项目多指标综合评价方法研究 [J]. 水利经济, 2006 (5): 11-14.
[50] 张国栋, 李雷, 彭雪辉. 基于大坝安全鉴定和专家经验的

病险程度评价技术 [J]. 中国安全科学学报, 2008 (9): 159-166.

[51] 赵继伟, 于国辉, 李天. 江油市小型震损水库除险加固措施探讨 [J]. 华北水利水电学院学报, 2009 (3): 29-30.

[52] 赵宁琼, 余林. 潘桥水库泄洪隧洞安全评价及加固设计 [J]. 水利水电快报, 2009 (4): 33-35.

[53] 赵青, 张万瑞, 王索成. 土石坝裂缝的分析及其处理 [J]. 黑龙江水利科技, 2008 (4): 149.

[54] 周冰凌. 江西麻源水库溢洪道安全评价及改建设计研究 [D]. 南京: 河海大学, 2006: 5-16.

[55] 张小飞, 苏国韶, 吴章敦. 基于层次模糊综合评价的水库大坝安全评价法 [J]. 广西大学学报: 自然科学版, 2009 (3): 321-325.

[56] 朱大林, 甘虎, 都林, 等. 基于模糊层次分析法的船闸人字门提升方案评价 [J]. 水电能源科学, 2011 (11): 129-131.

[57] 张洁, 赵坚. 层次分析法在帷幕灌浆效果评价中的应用 [J]. 水电能源科学, 2009 (3): 124-126.

[58] Giasi C. I, Masi P, Cheribini C. Probabilistie and fuzzy reliability analysis of a sample slope near Aliano [J]. Engineering Geology, 2003, 67: 391-402.

[59] Ge Shujie, Li Yanfeng, Jiang Tianwen, et al. Coalmine security evaluation comprehensive assessment based on fuzzy neural network [J]. Journal of Heilongjiang Institute of Science & Technology, 2007, 17 (4): 322-325.